水电解制氢技术与装备

王廉舫　编著

华东理工大学出版社
EAST CHINA UNIVERSITY OF SCIENCE AND TECHNOLOGY PRESS

·上海·

图书在版编目(CIP)数据

水电解制氢技术与装备/王廉舫编著.—上海：
华东理工大学出版社，2023.10
ISBN 978-7-5628-7277-1

Ⅰ.①水… Ⅱ.①王… Ⅲ.①水溶液电解—应用—制
氢—研究 Ⅳ.①TE624.4

中国国家版本馆 CIP 数据核字(2023)第 161680 号

内容提要

本书展现了绿氢作为新能源的广阔前景，介绍了有关氢的知识，阐述了水电解制氢以及氢纯化、再生和安全生产。为了实现"双碳"目标，氢行业应通过技术创新，数倍地提高电流密度，显著降低制造成本和运行成本。

氢已经作为二次清洁新能源登上历史舞台，大批研发、生产人员积极投入发展氢能的行列，他们迫切需要了解有关氢的制取、储存、运输、充装和使用的知识。本书可作为从事水电解制氢行业人员的教材，同时可供高等院校相关专业师生参考，还可供从事粉末冶金、工业气体生产、设备制造以及管理人员借鉴。

策划编辑 / 马夫娇

责任编辑 / 马夫娇

责任校对 / 张 波

装帧设计 / 居慧娜 许 琪

出版发行 / 华东理工大学出版社有限公司

　　　　　 地址：上海市梅陇路 130 号,200237

　　　　　 电话：021-64250306

　　　　　 网址：www.ecustpress.cn

　　　　　 邮箱：zongbianban@ecustpress.cn

印　　刷 / 上海展强印刷有限公司

开　　本 / 787 mm×1092 mm　1/16

印　　张 / 12.25

字　　数 / 216 千字

版　　次 / 2023 年 10 月第 1 版

印　　次 / 2023 年 10 月第 1 次

定　　价 / 88.00 元

版权所有　侵权必究

前　言
PREFACE

　　两百多年前，瓦特发明了蒸汽机，第一次工业革命是以煤炭为动力，替代人力、畜力，使 19 世纪的世界发生了翻天覆地的变化。1732 年富兰克林发现了电，法拉第发明了发电机，爱迪生试验并改进了白炽灯；1908 年美国人福特引入流水线生产内燃机汽车。第二次工业革命开始以石油、天然气为动力，推动世界进入电气化时代，为 20 世纪的人们开创了新的世界。

　　由于现代人过量地消耗化石燃料，不仅使煤、石油和天然气的储量不断降低，而且使自己赖以生存的大地、空气和水已经被严重地污染。气候变暖，地震频发，海平面升高，地球两极的冰川创纪录地融化，正威胁着世界上千千万万的生灵，包括人类自己。

　　第三次能源革命是清洁能源逐步替代化石燃料，人类制取绿电和绿氢，实现全球能源互联网。

　　由于电是以光速传播的，也就是说从发电、传输到使用是在瞬间完成的。人类至今很难将电能直接大规模储存，而且储存的成本很高。但直接储氢却可以做到，不仅可将氢储存在人造容器里，而且还可以将巨量的氢储存在地下，其中盐碱含水层和枯竭的油气藏是最佳的地质选择。

　　氢是清洁能源，是后碳时代的制胜法宝。现在还要建立氢网，并将电网和氢网耦合，进而实现电能与氢能的相互转换。这样，人类不仅享有全球网络化的清洁电力，而且还拥有大规模绿氢。氢能系统可利用新能源处理富余的电能进行制氢，储存起来或供下游产业使用；当电力系统负荷增大时，储存起来的氢能可利用燃料电池进行发电回馈电网，且此过程清洁高效、生产灵活。

　　氢不仅是宇宙中含量最多的元素，而且占地球表面积约 71％的水，就是氢的“大仓库”。氢制取方便，性能优异，不仅可以直接使用，而且可以通过燃料电池把氢转变为电，小到充电器，大到发电站，不需要输变电。为了适应各种储运方式及应用环境的要求,氢可以以气态、液态或固态的氢化物呈现。制取零碳的绿氢,储存、运输、加注和使用氢,氢正加速进入交通、工业、储能和发电等领域。人类用水制氢,氢在使用后又变成水,这充分体现了大自然的规律。氢已被视为 21 世纪最具发展潜力的清洁能源。

可再生能源一般都远离用电密集区,而且其电力是不稳定的,上网和传输都有难度。那么,在现场用电解水的方法把电直接转化成氢,实现非并网就地消纳,这是理想的选择。用可再生能源大规模电解水制氢,我国在这一领域已经走在世界前列,而且呈井喷式发展。

第一次能源革命使英国成为日不落帝国,在这方面引领世界约一百五十年。第二次能源革命让美国在 150 年前开始引领世界。现在,中美欧都在争取成为第三次能源革命引领者,未来中国将引领第三次能源革命。

首先,我国在可再生能源设备制造上,不管是光伏、风电,还是水电,在技术上都已经达到世界先进水平,而且市场占有率是世界第一。在这些领域,中国在过去三年里,已经向包括欧美在内的全世界范围提供了 60% 的装备。此外,占世界 50% 的电动车由中国制造,还占有 70% 以上的动力电池市场。在最近 20 年,我国实现了四纵六横的智能电网系统,而且将电网互联互通摆在"一带一路"的核心位置。最近,联合国在推进电力洲际远程传输的互联网,此工程是建立在中国的超高压直流输变电技术基础上的。这意味着几十年后,世界将不再是每年几万亿美元的石油贸易,而是在全球能源互联网上每年几万亿美元的清洁电力贸易。

因为越来越严峻的气候问题,最近欧盟提出:从 2026 年开始征收碳排放税,其税率预计会达到商品金额的 20% 以上。届时如还在用煤炭火力发电,一些低档产品就会因附加高昂的税收而出不了国门,制造业就会流向使用清洁能源的国家和地区。形势已经十分紧迫,这是百年未遇的挑战,当然也是难得的机遇。我们要加倍地努力,大力发展清洁能源,加快建设新型电力系统,实现能源革命和信息化革命,打拼出一个海阔天空的未来。

早日实现我国的"双碳"目标,尽快用可再生能源电解水制取绿氢,替代灰氢、蓝氢,成为大规模供氢的能源主体,这是时代的呼唤。作为从事水电解制氢的工作者,更应该积极发挥作用,努力做出贡献。应尽快依靠技术创新,数倍地提高设备产能,大幅降低制氢和纯化设备的制造成本,降低用户的运行成本,从根本上彻底消除设备的腐蚀渗漏,使装置能长周期无故障地高效运行。为此,本人编写了《水电解制氢技术与装备》这本书。书中展现了氢能在一些国家的快速发展;详细叙述了水电解制氢、纯化、使用和氢的回收、再生;指出了在用氢还原金属氧化物的氢气再生装置存在的严重缺陷,造成后续的金属粉末、硬质合金质量问题;还讲述了本行业的热点、难点问题,以及最新科技发展和值得借鉴的国际标准。书的结尾,是以图文并茂的事故案例作为各种安全技术的佐证,使大家能透过现象看到事故的前因后果,提高在紧急情况下处理各种事故的应变能力。

与氢同行,氢创未来。氢和电一样也是最重要的能源载体,也要走进千家万户。让我们一起迎接绿电＋绿氢的双能源时代的到来。最后,希望大家都能为早日使用清洁能源,建设美丽的祖国,共同保护好地球家园而努力做出新的贡献。谨此,能为这座通向绿氢的彩虹桥增添一份基石。也恳请广大读者赐教、指正。

王廉舫

2023 年元月于上海

目 录
CONTENTS

第1章 绪 论

科学家经过计算,宇宙起源于 138 亿年前的大爆炸。在爆炸之初,宇宙中只有中子、质子、电子、光子和中微子等基本粒子。在电磁力的作用下,所有中子和少数质子结合,组成氘和氦的原子核,而大多数质子形成了氢的原子核。在爆炸的最初 3 min,氢占 77%,氦占 23%,还有极少量的锂。氢是宇宙中含量最多的元素,它比其他所有元素总和还大 100 倍,恒星的主要成分是等离子态的氢。氢的密度较小,其质量约占宇宙的 75%。

地球的天地万物千差万别,其实这一切都是由一百多种基本元素组成的,氢就是元素之首。多年来氢备受大家关注,人类希望氢能够成为二次清洁新能源,替代排出能引发温室效应气体的化石能源。

1.1 氢 能 源

由于可再生能源的间歇性和地区性的局限,将它们转变为电能,采取就地大规模水电解制氢,这是非常理想的选择。制取的氢作为二次新能源,可以直接使用,也可以大规模储存、长距离输送。氢与电之间还可以通过燃料电池高效转换,实现电网与氢网之间相互耦合,这是人类绿色新能源的美好前景。

1.1.1 能源

能源是现代社会赖以生存、发展的物质基础。地球上的化石燃料,如煤、石油、天然气等,从根本上来说是远古以来储存下来的太阳能。人类长期使用大量的化石燃料,已经严重污染了环境,造成酸雨、气候异常、全球变暖、地震频发、海平面升高等,而且能源的需求量越来越大。更可怕的是,全球温度每升高 1℃,空气中就会增加 7% 的水分,这就意味着在各地区出现的极端气候会更加严重。人类自 1850 年以来,已经排放了 2.5×10^6 t 二氧化碳,升温 1.2℃。在巴黎举行的气候大会上,多国致力于将 21 世纪全球气温较工业化前上升幅度控制在 2℃以内,并努力将温度上升幅度限制在 1.5℃,否则在 2030 年后地球将会迎来毁灭性气候。为了在 2050 年左右防止地球温度上升 2℃,必须使能源结构中使用氢的比例占到 18% 以上,这样每年要减少 $60×10^8$ t 的二氧化碳排放。无论是耗用煤、石油还是天然气,都会产生 $PM_{2.5}$ 的颗粒物。它们悬浮在大气中,吸收和散射太阳光,造成阴霾不散,人们吸入时可进入肺甚至血液。

核电是清洁能源。其装机容量大,运行稳定,且不受天气、季节或其他环境因素影响。但核裂变燃料的使用时间是 40 年,而核废料的污染时间却长达 20 万年,缺乏燃料的安全处置问题是世界性难题。我国科学家成功研发出了处理核废料的启明星 2 号装置,它能消除核废料的放射性,将释放出的能量再次转化为电能,使核燃料的使用率达到 95%,实现核废料回收利用。

可再生能源包括太阳能、风能、水力能、潮汐能、地热能和生物能,其可利用量都是取之不尽的。

(1)太阳能:太阳主要由氢及同位素组成,太阳能是由氢变成氦的核聚变反应所释放的巨大能量。利用太阳能发电,其设施相对简单,产生的电也容易上网,而且还能光伏治沙改善生态,带动农牧渔的发展。我国光伏发电成绩举世瞩目,新增装机容量连续多年全球第一。

(2)风能:是太阳辐射造成地球表面受热不均,引起空气流动而产生的能量。全球可利用风能要比水能大 10 倍,而且清洁、安全。中国拥有世界上最丰富的风力资源,其中海上风能资源占四分之三。目前,我国风电发展已经进入快车道,装机进入"倍速"阶段。

(3)水力能:是由太阳辐射引起水循环而产生水的势能,水力能是目前世界上最大的可再生能源发电来源。我国的水电总装机容量和年发电量,连续多年双双稳居世界第一,总装机容量约为 $3.91×10^8$ kW。全球装机容量前 5 位的水电站中,我国占了 4 个。新建的白鹤滩水电站,将三峡、葛洲坝水电站与金沙江的乌东德、溪洛渡、向家坝水电站"连珠成串",构成世界上最大的清洁能源走廊。

(4)潮汐能:是从海水表面昼夜间的涨落中获得能量。地球与月亮和太阳之间的引力是形成潮汐能的来源。据统计,我国可开发的潮汐发电装机容量达 21 580 MW。

(5)地热能:一部分来源于地球深部的高温熔融体,另一部分来源于岩石中放射性元素的衰变。我国地表 2 000 m 内储藏地热能为 $2 500×10^8$ t 标准煤。地热资源不仅具有较好的稳定性和可持续性,而且其发电利用系数也明显高于风能和太阳能。

（6）生物能：是以生物为载体，将太阳能以化学能形式储存的一种能量。应用生物燃料的领域中，将城市废弃物转化成氢、电力和热力等技术具有很好的发展前景。

可再生能源来源广泛，多数是间歇式供应，当前研究重点是如何制取、储存、转运和使用各种能源，人们总体的目标是将它们转化为电能，或直接制取氢。

但是电是以光速传输的，也就是说，发电、输配电和用电都是在瞬时完成的。传统的储能就是储电，其技术分为物理储能、电磁储能和化学储能。物理储能包括抽水储能、压缩空气储能、飞轮储能等；电磁储能包括超级电容器、超导储能；化学储能包括铅酸电池、锂离子电池、液流电池等。

由于电是即发即用，很难大规模直接储存，且电力的使用是不均匀的，所以我国在不断地建造大型抽水储能电站，进行电网的调峰、填谷、调频和调相。位于浙江安吉的天荒坪蓄能电站，站内有 6 套单台容量均为 30×10^4 kW 的机组。夜晚时间，机组的功能是电动机加水泵，利用过剩的低谷电，将水从下蓄水库抽到山顶处的上蓄水库，其位差有 600 m，库容量相当于一个西湖。白天用电高峰时，又将水放下来发电，这时机组变成了水力发电机。虽然其耗电量与发电量的比率约为 4：3，但峰谷电价比最低为 4：1，且尖峰电还要加价。为"西电东输"配套，建设时间晚但起点高的长龙山抽水蓄能电站，是同一地区的天荒坪蓄能电站"姐妹花"。其规模更大，总容量为 210×10^4 kW，2022 年 6 月全部建成发电。在距离北京 180 km，有世界上装机容量最大的丰宁抽水蓄能电站，其上水库容量为 $5\,800\times10^4$ m^3，下水库容量为 $6\,070\times10^4$ m^3，总装机容量达 360×10^4 kW。它每年可消纳过剩电能 88×10^8 kW·h，年发电量 66.12×10^8 kW·h，被誉为世界上最大的"充电宝"。它是 2022 年北京冬奥会重点配套绿色能源重点工程，同时该电站有力支撑了"外电入冀"战略，破解"三北"地区弃风、弃光困局，更好地消纳地区清洁能源。

目前大规模直接存储电能技术还不具经济性，液流电池技术是重要的发展方向，全钒液流电池是成熟度较高的技术。它的原理是将电以化学能的方式存储在不同价态钒离子的硫酸电解液中。钒电池容量可从千瓦级到百兆瓦级，十分适合用作储能电池，尤其是在光伏、风电等新能源领域储能。还可用于电网调峰，为大厦、机场、程控交换站、潜艇、远洋轮船等提供电力。它使用寿命长，可达 20 年，电解液可循环使用，不易燃烧，安全性好，可实现 100% 放电而不损害电池。但由于钒原料少、价格高，成本问题限制了产业的规模化发展。现在正在大力开发的全铁液流电池不但成本低，而且不易发生离子互蹿，电解液也几乎无毒，还实现了 99.3% 的电流效率、75% 的能量效率和 300 圈循环 100% 的高容量保持率，以及 134 mV/cm² 的输出功率密度，为低成本、长寿命全铁液流电池技术产业化开发提供了技术支撑。全球首套兆瓦级铁-铬液流电池储能示范项目在内蒙古成功试运行，其可将 6 000 kW·h 电量储存 6 h。

如果将全世界的储能电池都集中起来，给一个大城市供电，最多只能维持几天，而且储能的成本非常高。如果将发出的电实现非并网就地消纳，在现场直接供水电解槽制氢，则是一种较为理想的方法。随着氢气的大规模生产，把巨量的氢储存在地下，是很好的方案，可储藏于地下盐层洞穴、地下储水层、废弃气田、废弃油田。一个洞穴可以储存约 15×10^4 MW·h 的氢气，这意味着相当于 40 GW 的锂电池。最有潜力的一种方法，是在地下盐层中挖出一个"容器"来，包括钻井、安装套管、注入溶液，待盐溶化后再抽出来，造出所需要形状和大小的空间。

1.1.2　绿色能源的载体——氢

自 1850 年以来，美国排碳量总计超过 $5 090 \times 10^8$ t，远远超过世界上任何国家；我国约为 $2 840 \times 10^8$ t。另外，从当前人均排碳量看，中国也明显少于美国。

我国是多煤、贫油、少气的国家，煤炭消费贡献了年度化石能源二氧化碳排放量的 76%，其中 80% 的煤炭用于发电和供热。自 2006 年起，我国碳排放量超过美国，连续多年成为全球最大的碳排放国。我国还是世界上最大的原油和天然气进口国，2022 年对外依存度分别为 71.2% 和 40.2%，还将继续上升。

可再生能源中的风电、光伏电、水电、生物质能、核电，在我国发展都很快。中国是世界最大的风力涡轮机生产国，已经拥有世界 65% 的产量。但风电场大多都远离负荷中心，造成地区内消纳不足，需要远距离外送。由于风能的间歇性、不规则性的特点，风电在电流、电压、频率和相位等方面剧烈波动，如果直接上网会对电网造成较大冲击，甚至会危及电网安全，所以风电还要通过储能电站平抑，使之可控、可调和可调度，目前风电大规模并网尚存在诸多技术问题。虽然我国是唯一掌握 1 000 kV 交流和 800 kV 直流特高压输电技术的国家，但大区之间的网架联系还很薄弱，没有形成全国统一的大市场和与之相适应的全国联网能力。

风电遇到区域消纳不足、技术发展制约、储能设施昂贵、外输通道不畅和调峰资源有限的困难，那么，除了并网外送，最理想的方法就是将风电就地转化，实现非并网使用。水电解制氢设备对不稳定的风电适应能力很强，当风速为 3 m/s 时，风力发电机组可以启动发电；10 m/s 时，达到风机的额定发电容量。风电的功率变化不影响制氢设备的正常运行和氢气、氧气质量，只是按输入电量线性改变气体的产量。风电直接用于大规模水电解制氢是完全可行的，而水电解制氢也完全可以与不断波动的风电相配合。目前快速发展的风电与传统的水电解制氢结合,已经结出绿色氢能的丰硕成果。现在有大量廉价的低谷电和难以并网外送的电可利用,可以建立大规模的氢氧站,将大批量、大容量的水电解槽运行起来,以生产氢气的方式担负起能源的转换、储存和输送。建立氢气能源网,具有以下重大的意义:

(1) 开辟了风电非并网就地消纳的新用途。风电直供规模化制氢,可降低 30%～40% 的风电场建设成本。在不需要投资昂贵的贮能电站、输变电系统和远距离输送电能的情况下,消除了风电发展的瓶颈,大幅度降低了风电的成本,使风电企业扭亏转盈,风电行业走上高速发展的快车道。

(2) 被称为"电老虎"的水电解制氢,直接大量消化不稳定的廉价风电,这为水电解工业自身的大发展提供了机遇。

(3) 风电制氢是由可再生清洁能源风转化为电,再由电生产出氢气。绿氢作为清洁能源,可以将其直接送到各行各业,送进千家万户,实现了自始至终的"零排放",从而翻开了人类能源史和环保史的崭新一页。

(4) 实现了社会化生产氢气、氧气,形成新的产业链,带动一大批化工(如煤化工、甲醇、氮肥),冶金(如钢铁行业氢冶金),建材,垃圾处理(在氧气中高温焚烧,防止产生二噁英之类的有毒气体)等企业。改变过去各行各业自产自销的小农经济模式,而且有利于减少投资、降低成本、安全生产和保护环境。

(5) 努力不弃风、不弃光、不弃水、不弃核,充分利用可再生能源,利用低谷电,大规模生产氢气,创建氢网。

(6) 耦合电网与氢网,实现电能与氢能的相互转换。

氢作为绿色能源的载体,来源广泛、清洁无碳、灵活高效、应用场景丰富,是推动传统化石能源清洁高效利用、支撑可再生能源大规模发展的理想互联媒介,也是实现交通运输、工业和建筑等领域大规模深度脱碳的最佳选择。氢能及燃料电池已经成为全球能源技术革命的重要方向。

1.1.3　氢能的利用

氢能的利用方式主要有三个途径,即直接燃烧、燃料电池和核聚变。

1.1.3.1　直接燃烧

氢用作车用内燃机燃料做功,与汽油、天然气相比,氢具有以下特点:

(1) 氢的单位质量热值高,约是汽油的 2.7 倍;但氢的体积能量低,是影响其应用的关键。

（2）可燃混合气浓度范围大，容易实现稀薄燃烧，经济性高。

（3）自燃温度较高，有利于提高压缩比，进而提高热效率。

（4）点火能量较低，可达 0.020 mJ，所以内燃机几乎不失火。

（5）燃烧速度快，达 2.91 m/s，是汽油的 7.72 倍，所以抗爆性好、热效率高。

基于氢燃料内燃机技术和生产、维修体系都有良好的基础，为了减少机动车产生的污染，燃氢是一种较好的选择。氢的燃烧效率非常高，只要在汽油中加入 4% 的氢，就可使内燃机节油 40%。车用压缩氢气天然气（hydrogen and compressed natural gas，HCNG）研究，就是将氢和天然气按一定比例混合，氢改善了天然气的特性，显现了氢燃烧速度快、着火极限宽等特点，提高了天然气燃烧速率，从而提高了燃料经济性和发动机的功能，同时降低了发动机的废气排放，还减轻了对油气的依赖。

随着我国五条供气大管线相继贯通，越来越多的地区开始用上了天然气。我国西部天然气的储量按现在用量估算，到 2040 年将无气可送。根据中俄东线天然气协议，俄罗斯已开始从黑龙江黑河入境向我国供气，年供气 380×10^8 m³。根据中俄第二轮天然气供应框架协议，俄方从西伯利亚西部通过阿尔泰管道向我国每年额外供应 300×10^8 m³ 天然气，为期都为 30 年。我国将优先考虑供京津冀、长三角和东北地区。中国与中亚的天然气管道西起土库曼斯坦和乌兹别克斯坦，经新疆霍尔果斯口岸入境，与国内西气东输二、三线相连，可保证沿线 4 亿人口的生活燃料供应。

天然气的基本成分是甲烷，热值高达 8 650 kcal/m³（1 kJ＝0.24 kcal），而以前城市煤气的热值约是天然气的 38%。当在天然气中加入氢气的量达到 15%～20%（体积比）时，燃烧后的 NO_x 排放量将减少 50%。这样做不仅能满足用户对燃气热值的需要，延长了西气东输的寿命，而且还降低了废气的排放。

1.1.3.2 燃料电池(fuel cell)

1839 年，欧洲科学家 W. R. Grove 发明了世界上第一个氢氧气体电池。1909 年诺贝尔奖获得者 F. W. Ostwald 提出了完整的燃料电池的工作原理。20 世纪 60 年代，燃料电池作为辅助电源首次应用于航天飞船。1967 年第一辆燃料电池车在美国诞生。21 世纪以来，美国、日本、韩国等国家作为全球燃料电池的倡导者和领跑者，高度重视燃料电池技术的开发，燃料电池在发电和供热站、便携式移动电源、汽车、航天、潜艇等领域得到广泛应用。

燃料电池是一种将氢气、氧(空)气通过电极上的电化学反应直接转换为电能的装置,由阳极、阴极、电解质和外部电路(负荷)组成,从本质上说是电解水的逆反应。它是利用氢能的最好方式,反应后只生成水。氢气进入燃料电池的阳极,在催化剂的作用下分解成氢离子和电子,氢离子穿过隔膜到达阴极,在催化剂的作用下与氧气结合生成水,电子则通过外部电路向阴极移动形成电流。燃料电池的阳极和阴极之间有一层坚韧的隔膜以分隔氢气和氧气。

燃料电池技术主要有熔融碳酸盐燃料电池、质子交换膜燃料电池和固体氧化物燃料电池三条技术路线。其中质子交换膜燃料电池由于其工作温度低、启动快、比功率高等优点适用于交通和固定式电源领域,逐步成为现阶段国内外主流应用技术。固体氧化物燃料电池具有燃料适应性广、能量转换效率高、全固态、模块化组装、零污染等优点,常作为固定电站,用于大型集中供电、中型风电和小型家用热电联供领域。

目前,燃料电池电堆功率密度、寿命、冷启动等关键技术与成本的瓶颈已逐步取得突破。国际先进水平电堆功率密度已达到 9 kW/L,乘用车系统使用寿命普遍达到 5 000 h,商用车达到 20 000 h。车用燃料电池系统发动机成本比 21 世纪初下降了 80%～95%,按年产 50 万台计算,价格在 49 美元/kW,接近内燃机的 30 美元/kW。2021 年全球氢燃料电池汽车销售约 1.12 万辆,初步实现规模化应用。

用储存的氢气通过燃料电池发电,实现能源的转换,不需要输、变电。其电量可以大到千瓦级,也可以小到瓦级,即从发电站、交通工具、便携式电子设备、航空、航海,如客车、飞行器、舰船、潜艇、深海装备、空间飞船,到家用热电冷联供、微机、手机电源等都可使用,它正走进千家万户。目前大力发展的燃料电池汽车,是利用发出的电力驱动电机,进而带动汽车运动。它不需要内燃机离合器、传动轴等部件,可省去70%的机械零件。但燃料电池汽车面临造价居高不下、安全屡遭质疑等多重掣肘,制约了氢燃料电池汽车产业化进程。

一根氢气管道再加燃料电池,就可以供给家庭需要的所有能源,包括加热、冷却、家用电器及汽车。加氢站是给燃料电池汽车提供氢气的燃气站,最早的氢气加注站可以追溯到 1980 年代位于美国洛斯阿拉莫斯的加氢站。现在,汽车加氢站如雨后春笋在世界范围内纷纷建立,一个崭新的氢能时代正在到来。

全球主要发达国家高度重视氢能及燃料电池的发展。美国、日本、德国、韩国等国家都将氢能提升到国家能源战略高度,不断加大对氢能及燃料电池的研发和产业化扶持力度。

美国是最早将氢能和燃料电池作为战略能源的国家,早在 1970 年就提出"氢经济"概念。2003年时任美国总统布什宣布,投入12亿美元促进国家氢能源基础设施发展,为数以百万计的氢燃料电池提供电源。2018年,美国宣布10月8日为美国国家氢能与燃料电池纪念日。近十年的支持规模超过16亿美元,并积极为氢能基础设施的建立和氢燃料的使用,制定相关财政支持标准和减免法规,努力保持美国在世界范围内的领先地位。预计到2025年,累计固定式燃料电池安装将超过500 MW,加氢站将达到200座。

日本高度重视氢能产业发展,提出:"成为全球第一个实现氢能社会的国家",规划了实现氢能社会战略的技术路线。2014年量产的丰田燃料电池车电堆,其最大输出功率达到114 kW,能在－30℃的低温地带启动行驶,一次加注氢气最快只需3 min,续航超过500 km(现已超1 200 km),累计销售量达到7 000辆,占全球燃料电池乘用车总销量的70%以上。家用燃料电池项目累计部署274万套,成本为94万日元。2017年在神户港口岛建造了氢燃料1 MW燃气轮机,是世界上首个在城市地区使用氢燃料的热电联产系统。至2025年计划累计建成加氢站320座。

德国是欧洲发展氢能最具代表性的国家,在2006年启动了氢能和燃料电池技术国家创新计划,至2019年共投入资金16.5亿欧元,确立了氢能及燃料电池领域的领先地位。该国的可再生能源制氢规模居全球第一,生产出的氢气通入天然气管网,并利用现有成熟的天然气基础设施作为巨大的储能设备。该项技术获得2018年度德国总统科技创新奖。2020年,德国颁布了《国家能源战略》,提出以可再生氢为重点,规划布局德国绿色制造。如今,德国运营着世界第二大加氢网络,现有加氢站60座。燃料电池的供应和制造居全球第三,全球首列氢燃料电池列车已在德国投入商业运行,续航里程接近1 000 km。

2008年以来,韩国政府持续加大对氢能技术研发和产业化推广的扶持力度,实施"低碳绿色增长战略"。2019年提出:2030年进入氢能社会,以氢能拉动经济创新增长,引领全球氢能和燃料电池产业发展。2018年,现代汽车的燃料电池电堆,其最大输出功率达到95 kW,续航里程800 km。2018年在营加氢站14座,计划2030年发展到520座。

我国是世界上最大的制氢国,也是最大的可再生能源发电国。我国汽车销量已连续十年居全球第一,电动车占全球销量的50%。国内功率最大的氢燃料混合动力机车已在中车戚墅堰下线,电堆功率为400 kW,寿命为20 000 h。

根据中国氢能联盟预测(表1-1),2050年氢能在终端能源体系比例将达到10%,与电力协同互补,共同成为中国终端能源体系的消费主体。届时,氢气年需求

量接近 $6\,000\times10^4$ t,可减排二氧化碳 7×10^8 t。其中,交通运输领域用氢 $2\,458\times10^4$ t,相当于减少 $8\,357\times10^4$ t 原油或 $1\,000\times10^8$ m^3 天然气;工业领域用氢 $3\,370\times10^4$ t,建筑及其他领域用氢 110×10^4 t,相当于减少 1.7×10^8 t 标准煤。

表 1-1　我国氢能发展预测

时间/年	氢气产量/($\times10^4$ t)	氢能源占比/%	燃料电池车/万辆	加氢站/座
2020	2 100	3	1	100
2030	3 500	5	200	1 500
2050	6 000	10	520	10 000

1.1.3.3　核聚变

核聚变是指质量小的原子,在特定的条件(如超高温和高压)下发生原子核互相聚合作用,生成新的质量增加的原子核,并放出巨大能量的核反应。氢的三种同位素分别是氕、氘和氚。氕的丰度为 99.984%,氘占 0.016%,氚的含量极微,用人工方法获得。在自然界中,最容易实现的核聚变反应是氘和氚的反应,生成新的物质氦,见图 1-1。第二代核聚变是氘和氦反应,产生中子非常少。第三代是氦与氦反应,不产生中子。核聚变释放的能量比核裂变更大,且不会产生放射性物质,既干净又安全。每升海水中蕴含 30 mg 的氘,如通过聚变反应能释放相当于燃烧 300 L 汽油的能量。以此推算,在地球海水中就有 45×10^{12} t 氘,足够人类使用上百亿年,这就是人类无限的清洁能源。

要使氘和氚原子核发生聚变,先要剥离电子,把两个互斥的原子核糅合形成新原子,必须有极高的温度,使原子核发生剧烈的运动,也就是使带正电的原子核群与带负电的电子群变成等离子体,进而突破排斥力,然后融合。所以核聚变又称热核反应。据计算,每千克核燃料完全聚变可放出 93.6×10^{12} J 热量,相当于 3 200 t 标准煤燃烧所放出的热量。热核反应是氢弹爆炸的基础,在瞬间产生巨大能量,但尚无法加以利用,如使热核反应能

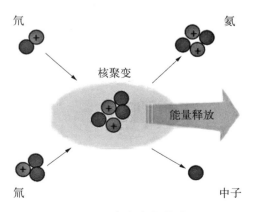

图 1-1　氘与氚核聚变

在一定的约束区域内,根据人们的意图有控制地进行。然而,可控核聚变的条件非常苛刻,太阳的中心温度达到 $1\,500\times10^4\,℃$,还有巨大的压力。但地球上无法获得如此高的压力,只能通过提高温度来弥补,要达到上亿摄氏度才行。而如此高的温度,几乎没有一种固体物质能承受,只能靠强大的磁场来约束,由此产生磁约束核聚变。1991 年 11 月,欧洲科学家在英国首先成功进行了实验室里的受控热核聚变反应试验,从而揭开了核聚变利用的序幕。可控性较大的核聚变反应装置称托卡马克装置,它的名字"tokamak"来源于环形(toroida)、真空室(kamera)、磁(magnit)和线圈(kotushka),是一种利用磁约束来实现受控核聚变的环形容器。这是可控热核聚变能研究的巨大突破,将等离子体注入巨大的金属环形容器中,利用强大的磁场将带电粒子云限制在磁场中,并持续予以加热,保持等离子体环位置的相对稳定是一项关键技术。

EAST 是我国自主设计制造的受控核聚变实验装置。目前,我国新一代"人造太阳"装置正式上线,至 2021 年底已实现 $1.6\times10^8\,℃$ 的超高温,离人类利用无限的清洁能源目标又迈出了重要一步。

1.2　氢气的性质

氢是被发现最早的气体元素。远在 16 世纪初,人们就用铁和稀硫酸制得了氢气,而且还发现它可以燃烧,后来对氢的性质又进行了进一步的研究。但从氢的发现到确定它是一种元素,却经过了二百多年的漫长岁月。直到 18 世纪末,法国化学家拉瓦锡(1743—1794)才确定氢是存在于水中的一种元素,并用希腊文将它命名为"水的生存者",中文译为氢。

1.2.1　氢的物理性质

常态下氢是一种无色、无臭、无味、无毒的气体,在标准状况(温度为 0℃、压力为 101.325 kPa)下的密度是 0.089 87 g/L,是世界上最轻的物质。氢分子的运动速度最快,从而有最大的扩散速度和很高的导热性,其导热能力是空气的 7 倍(表 1-2)。氢的沸点为 −252.78℃,熔点为 −259.24℃。液态氢是无色透明的液体,密度是 0.070 g/cm³(−252℃)。固态氢是雪状固体,密度是 0.080 7 g/cm³(−262℃)。氢在各种液体中都溶解甚微,0℃时 100 mL 的水仅能溶解 2.15 mL 的氢,20℃时能溶解 1.84 mL。

表 1-2 某些气体的导热系数

气体名称	空气	H_2	He	N_2	O_2	Ar	CO	CO_2	SO_2	NH_3	CH_4
0℃时的导热系数 $[\lambda_0 \times 10^{-5}$ cal/(cm·S·C)]	5.8	41.6	34.8	5.8	5.9	4.0	5.6	3.5	2.0	5.2	7.2
相对导热系数 $[\lambda_0/\lambda_K(0℃)]$	1.00	7.17	6.00	1.00	1.017	0.69	0.966	0.603	0.345	0.897	1.24

在高温、高压的条件(如温度为 370℃、压力为 9.8 MPa)下,氢对钢材结构有强烈的破坏作用。溶解于钢晶格中的原子氢使钢材晶粒间的原子结合力降低,造成钢材的延伸率、断面收缩率和强度降低,在随后的缓慢变形中引起脆化作用,钢的组织并无变化,这是氢脆。

另一种情况是氢向钢内扩散,与钢中渗碳体发生如下反应生成甲烷:

$$Fe_3C + 2H_2 \Longleftrightarrow 3Fe + CH_4 \uparrow$$

反应生成的甲烷在钢中扩散能力很小,聚集在晶界原有的孔隙内,形成局部高压,使晶界变宽,并发展成为裂纹,在表面则形成鼓泡。如果这种反应不断地进行下去,最终是金属完全脱碳,裂纹变成网络,钢的强度、韧性丧失殆尽,这是氢蚀。氢蚀现象主要表现在石化高压加氢及液化石油气设备中,温度在 300~500℃ 范围内。

钢材高温加工中常用氢作保护气。由于氢能溶解于绝大多数金属熔体,其温度越高,氢的溶解度越大。当钢材的加工进入锻造或轧制阶段时,因快速冷却,溶解的氢来不及逸出,就在钢材中形成了高压氢气泡,钢材中的"白点"就是高压氢气和应力共同作用的结果。

此外,如 1.0 kg 铌能溶解 104 L 氢。钯片能吸收比它的体积大 700 倍的氢气,钯在吸收氢气以后,体积显著膨胀、变脆,而且布满了裂纹。如果将钯捣成细粉,它的表面积增大,1 体积的钯能溶解 900 体积的氢,甚至更多。

氢的渗透能力很强,氢在金属中的可溶性使其能够透过灼热的钯。在常温下氢能够透过橡皮,但不能透过玻璃。

1.2.2 氢的化学性质

在室温下氢分子不太活跃,但在高温时化学活动性增大。初生状态的氢具有很高的化学活性。

1.2.2.1　与氧化合

据文献数据,氢气的最低着火温度是 574℃。点燃氢的能量非常低,在空气里既可被明火点燃,也可被暗火如沙砾的撞击或静电放电点燃,在一定的条件下甚至会发生自燃,燃烧时产生几乎看不见的浅蓝色火焰,生成水,并放出大量的热:

$$2H_2(气)+O_2(气) \xrightarrow{点燃} 2H_2O(液)+572.8 \text{ kJ}$$

氢气和氧气的混合物具有爆炸性,2 份氢和 1 份氧的混合物其爆炸威力最大。爆鸣气在常温下不会化合;在 180℃时氢和氧开始发生明显的化合反应,随着温度的升高,反应的速度加剧。在暗火、明火或高温作用下,氢和氧迅速化合,并放出大量的热,使体积急剧膨胀而发生爆炸。干燥的爆鸣气即使在 1 000℃的温度下也不发生爆炸。催化剂或水汽的存在,会加剧氢与氧的化学反应,促进爆鸣气体的爆炸。例如,在常温下只要向爆鸣气体中倒进一点铂粉,爆鸣气体就立刻发生爆炸。这是因为铂粉能溶解大量氢气和氧气,使其浓度增大,增加了气体分子相互碰撞发生化合反应的机会;而反应放出的热量使温度升高,又反过来大大促进其他气体分子发生反应,这样就使氢和氧迅速化合而发生爆炸。

氢和氧混合物的爆炸极限随压力、温度和水蒸气的含量的变化而变化。在标准大气压下,其体积含量的爆炸范围如下:

$$\begin{cases} H_2 & 4\% \sim 95\% \\ O_2 & 5\% \sim 96\% \end{cases}$$

氢气和空气的混合物也具有爆炸性,按体积含量的爆炸范围如下:

$$\begin{cases} H_2 & 4\% \sim 75\% \\ 空气 & 25\% \sim 96\% \end{cases}$$

1.2.2.2　与其他非金属作用

氢也能与其他非金属直接化合,例如,氢与氟在低温或暗处就能发生爆炸,生成氟化氢,其水溶液就是氢氟酸:

$$H_2+F_2 == 2HF+535.9 \text{ kJ}$$

氢与氯在加热或光的照射下能发生爆炸,生成氯化氢(或氢气在氯气中燃烧),其水溶液即盐酸:

$$H_2 + Cl_2 \xrightarrow[\text{或光}]{\text{加热}} 2HCl + 184.2 \text{ kJ}$$

氢和氯的混合物按体积含量的爆炸范围是:

$$\begin{cases} H_2 & 3.5\% \sim 97\% \\ Cl_2 & 3\% \sim 96.5\% \end{cases}$$

氢和氮在一定温度和压力下,用铁作催化剂可合成氨:

$$3H_2 + N_2 \xrightarrow[10 \text{ MPa,Fe}]{500 \sim 550℃} 2NH_3$$

1.2.2.3　与金属作用

氢可以与许多金属化合生成金属氢化物,活泼的金属元素能与氢化合生成固态的离子型氢化物,例如:

$$2Na + H_2 \xrightarrow{\text{一定条件}} 2NaH$$

$$Ca + H_2 \xrightarrow{\text{一定条件}} CaH_2$$

$$Mg + H_2 \xrightarrow{\text{一定条件}} MgH_2$$

将氢气变成 MgH_2,这是在常温常压下高效储运氢气的方法。

1.2.2.4　还原性

氢的一个重要的化学性质,就是它的还原性。在高温下氢能从许多化合物中夺取氧、磷、硫、氮、氯、碳等,使金属还原。工业上生产多种金属粉末如铁、铜、钨、钼、钴和多晶硅材料,就是利用氢的这个性质:

$$Fe_3O_4 + 4H_2 \xrightarrow{\text{高温}} 3Fe + 4H_2O$$

$$CuO + H_2 \xrightarrow{\text{高温}} Cu + H_2O$$

$$WO_{2.9} + 2.9H_2 \xrightarrow{\text{高温}} W + 2.9H_2O$$

$$MoO_3 + 3H_2 \xrightarrow{\text{高温}} Mo + 3H_2O$$

$$Co_3O_4 + 4H_2 \xrightarrow{\text{高温}} 3Co + 4H_2O$$

$$SiHCl_3 + H_2 \xrightarrow{\text{高温}} Si + 3HCl$$

$$SiCl_4 + 2H_2 \xrightarrow{\text{高温}} Si + 4HCl$$

1.3 氢 的 制 备

由于现代工业对氢的需要量很大,特别是氢作为新能源,所以在考虑制备方法的时候,必须结合我国的资源和现有技术条件,根据规模进行技术经济比较,如原材料是否容易取得、反应条件是否容易控制、产品是否纯净等,才能充分满足生产需要,同时节省投资,降低成本、能耗。下面介绍氢的一些主要制法。

1.3.1 实验室制氢

1) 金属(钠、钾)与水作用

$$2Na + 2H_2O = 2NaOH + H_2 \uparrow$$

2) 金属(锌、锡、铝)与酸或碱作用

$$Zn + H_2SO_4(稀) = ZnSO_4 + H_2 \uparrow$$

$$Zn + 2HCl = ZnCl_2 + H_2 \uparrow$$

$$Zn + 2NaOH = Na_2ZnO_2 + H_2 \uparrow$$

$$2Al + 6NaOH = 2Na_3AlO_3 + 3H_2 \uparrow$$

$$2Al + 2NaOH + 2H_2O = 2NaAlO_2 + 3H_2 \uparrow$$

如果金属与浓硫酸、浓硝酸等氧化性很强的酸作用,则不能得到氢,其反应是:

$$Zn + 2H_2SO_4(浓) = ZnSO_4 + SO_2 + 2H_2O$$

$$Zn + 4HNO_3(浓) = Zn(NO_3)_2 + 2NO_2 + 2H_2O$$

3) 氢化钙与水作用

$$CaH_2 + 2H_2O = Ca(OH)_2 + 2H_2 \uparrow$$

此反应速度快且产率高。氢化钙携带方便，水又易得，因此这种方法也适用于野外制氢。

1.3.2　变压吸附提纯氢

在来自化石燃料的很多工业气体，包括排空的尾气中，一般都含有较高组分的氢气。例如：天然气转化气、焦炉煤气、水煤气或半水煤气、甲醇转化气、炼厂气、合成氨或合成甲醇的驰放气等。所谓变压吸附（pressure swing adsorption，PSA），就是利用固体吸附剂对不同气体的吸附选择性，以及气体在吸附剂上的吸附量随其压力变化而变化的特征，即在一定的压力下吸附，然后通过降低被吸附气体分压，使被吸附气体解吸的气体分离方法。其装置包括：原料气预处理设备、吸附器组、真空泵组、氢气纯化器、氢气储罐、氢气压缩机、程序控制阀、自动控制系统及相应软件。

变压吸附工艺一般采用四塔流程，也有多塔流程。在四塔流程中，每一操作周期需经历吸附、均压、顺向放压、逆向放压、冲洗和充压等步骤。操作周期随气体组成、压力、流量和产品气纯度的不同而改变，一般为 6～20 min。变压吸附的工艺操作压力根据吸附剂的性能、工艺特点、原料气压力与组分等因素确定，一般操作压力为 1.5～3.0 MPa。经 PSA 提纯后氢气纯度可达到 99.99% 以上，其他组分则经降压而解吸外排。原料气中氢气的体积含量宜大于 25%。

变压吸附法提纯氢气的工业化生产已有五十多年的历史，我国的 PSA 技术，特别是经过最近二十几年的发展，已经达到了世界先进水平，单套装置的规模在 $(500\sim 3.0\times 10^{5})$ m^3 H$_2$/h，生成氢气的纯度可达 98.0%～99.999%，氢气回收率可达 85%～95%。我国开发的分子筛吸附剂，不仅吸附量比国际著名品牌分子筛高 20%，而且其强度更是它的 3 倍，开发的三偏心金属密封蝶阀，可达到开关 100 万次无泄漏。

变压吸附提取氢气工艺过程简单，设备紧凑，建设及运转费用低，能耗小，自动化程度高，适合大、中规模制氢。

1.3.2.1　天然气制氢

天然气的主要成分是烷烃，其中甲烷占绝大多数，另有少量乙烷、丙烷和丁烷，此外还有硫、二氧化碳、氮和水汽，以及微量的惰性气体氦和氩。由于用于转化天然气的催化剂，在使用过程中极易中毒而丧失活性，所以对原料气中的杂质硫有严格的要求，必须先进行脱硫。天然气制氢的工艺流程是，原料气先经压缩机升压后送到转化炉，对流段预热至 350～400℃，再进入脱硫罐，脱硫后的气体与来自废热锅炉的蒸汽按一定的水碳比混合,再经转化炉对流段预热至600℃左右,进入转化炉辐射段,在催化剂的作用下进行重整转化反应,反应温度为800℃左右,从而获得转化气,其组分为氢气、甲烷、一氧化碳、二氧化碳和水蒸气的混合物。主要反应是

$$CH_4 + H_2O \Longrightarrow CO\uparrow + 3H_2\uparrow - 206.4 \text{ kJ/mol}$$

$$CO + H_2O \Longrightarrow CO_2\uparrow + H_2\uparrow + 41.2 \text{ kJ/mol}$$

转化气的氢含量约为75%,再经热交换器和冷却器便进入PSA装置,最后分离提取出纯氢。

1.3.2.2 从焦炉煤气提纯氢

焦炭是钢铁工业所必需的原材料,多年来我国的钢铁工业得到飞速发展,现在装机容量已经突破年产9×10^8 t;再加上焦炭的大量出口,我国成为全球最大的焦炭生产国。在焦炭生产过程中同时得到副产品焦炉煤气,通常每生产1 t焦炭可获得420 m³焦炉煤气。焦炉煤气除供本单位自用和城市煤气外,剩余的可供PSA,其主要组成见表1-3。

表1-3 焦炉煤气的主要组成

组 分	H_2	N_2	CH_4	CO	O_2	CO_2	C_nH_m	H_2O
含量(体积分数)/%	52.3~55.6	4.9	27.1~30.4	7.5	0.1	2.0	2.8	饱和

焦炉煤气的组分除表1-3所示外,还含有萘、焦油雾、硫化物等多种杂质。将焦炉煤气原料加压至0.8~1.6 MPa,送入预处理装置,先在除油器中去除油、水,然后再经预吸附器去除C_5以上烃类、苯类和高沸点组分。经预处理后,焦炉煤气的组分达到表1-3所示,便可进入PSA装置吸附去除各种杂质,获得纯度为99.9%以上的产品氢。若还需制取高纯氢,或对杂质氧有特别要求,则还需经过催化脱氧,从而获得纯度为99.99%~99.999%的纯氢或高纯氢。单位制氢的焦炉煤气消耗为2.2~2.5 m³/m³H_2。

经PSA提取氢气后的剩余焦炉煤气可继续利用,其单位体积热值不是降低了,而是提高了,因为去氢后甲烷的含量占了总体积的一半以上,其单位体积的热值比氢高得多。

1.3.2.3 甲醇制氢

甲醇与水蒸气在一定的温度、压力和催化剂的作用下,甲醇发生裂解反应,生成的一氧化碳与水发生反应,生成氢气和二氧化碳。这是一个多组分、多反应的气固催化复杂反应过程,主要反应为

$$CH_3OH \xrightleftharpoons{可逆} CO\uparrow + 2H_2\uparrow - 90.7\ kJ/mol$$

$$CO + H_2O \xrightleftharpoons{可逆} CO_2\uparrow + H_2\uparrow + 41.2\ kJ/mol$$

总反应为

$$CH_3OH + H_2O \xrightleftharpoons{可逆} CO_2\uparrow + 3H_2\uparrow - 49.5\ kJ/mol$$

甲醇和脱盐水按一定比例混合后,经计量、升压进入原料汽化器汽化和过热,再送入甲醇重整反应器生成 H_2、CO、CO_2、CH_4 等。汽化原料和反应所需的热量由导热油炉系统提供。反应后的混合气体,经换热器与原料液热交换,再经净化塔洗涤后送入气、液分离缓冲罐分离,液体则返回配液回收罐循环使用,转化的混合气体便进入 PSA 装置,最后分离提纯出纯氢。

该技术采用甲醇裂解制氢,适合中、小规模生产。每生产 1 m^3 纯氢需甲醇0.66 kg,耗电 1.5 kW·h。

1.3.3 氨的分解

在常压下,温度为 $800\sim850℃$ 并在镍催化剂的作用下将液氨进行分解,可得氢和氮($75\%\ H_2$ 和 $25\%\ N_2$)的混合气体:

$$2NH_3 \xrightarrow[加热]{催化剂} 3H_2 + N_2 - Q$$

氨分解率可达 99.9%,反应温度越高,分解得越完全。每千克液氨可产生 2.6 m^3 混合气体。混合气体可用钯合金膜扩散法或分子筛吸附器纯化,制取杂质含量小于 0.1 ppm(1 ppm 为百万分之一)、露点为 $-70℃$ 的高纯氢。

氨分解的气体发生装置设备简单,上马容易,采用此法的用户很多。不少单位用氨分解所得的混合气直接用作金属粉末还原和金属烧结成型的保护气体。但氮的存在,影响了氢的渗透,使合金里层的成形剂难以解脱出来,造成内外层的碳含量不同。

实践证明：用氨制得的混合气和瓶装纯氢分别烧结出来的合金，其质量完全不同。

1.3.4 电解氯化钠水溶液

在电解氯化钠水溶液时除得到氢氧化钠外，还有副产物氢气和氯气。用这种方法制取的氢气纯度较高：

$$2NaCl + 2H_2O \xrightarrow{\text{电解}} 2NaOH + H_2 \uparrow (\text{阴极}) + Cl_2 \uparrow (\text{阳极})$$

我国烧碱年产量在 $(3\,000 \sim 3\,500) \times 10^4$ t，副产品氢气为 $(75 \sim 87.5) \times 10^4$ t，其中 60% 用于生产盐酸和聚氯乙烯。

1.3.5 水电解制氢

水电解制氢具有绿色环保、生产灵活、纯度高，以及有副产品氧气等特点。其反应是：

$$2H_2O \xrightarrow{\text{电解}} 2H_2 \uparrow (\text{阴极}) + O_2 \uparrow (\text{阳极})$$

水电解的现象最早于 1789 年被观测到，1800 年 Nicholson 和 Carlisle 发展了这项技术，1833 年法拉第提出了电解定律（详见 2.3.3 节）。最早的电解槽结构是单极性的，1900 年欧瑞康（Oerlikon）公司首推双极性压滤式结构，20 世纪 50 年代 Zdansky 教授为鲁奇（Lurgi）公司研制出运行压力为 30 bar① 的压力电解槽，此后几十年这种电解槽变化不大。目前根据电解过程所使用的电解质的不同，电解槽主要有碱性水电解槽、质子交换膜水电解槽和固体氧化物水电解槽三种，对应的技术介绍如下。

1.3.5.1 碱性水电解

碱性水电解技术历史最悠久，技术最成熟，成本也较低，其生产规模越来越大。产生的氢气中，主要杂质是氧和水蒸气，二者比较容易清除，从而获得高纯氢。目前，氢的单位能耗在 $4.0 \sim 5.0$ kW·h/m³。与灰氢、蓝氢相比，绿氢没有大规模应用的根本原因就是成本高。其成本主要构成是电费，其次是设备费用。随着技术的进步，光电和风电的价格将会不断下降；再加上我国大力发展水电、核电，电力也会越来越富余，届时就会有大量廉价的低谷电可利用。此外，还要大幅降低水电解制氢设备的制

① 1 巴（bar）= 100 千帕（kPa）。

造成本和运行成本。这样,用可再生能源制取绿氢将具有强大的竞争力。

我国目前大量使用的压力型电解槽,是 20 世纪 80 年代开始的。为了使氢能源能早日替代化石能源,让可再生能源电解水制绿氢早日成为能源的有效供应主体,作为从事水电解制氢的业内人士应努力采用新技术,不断创新,通过改进电极结构、材质、表面处理和隔膜等,改进电解槽形状、组装方法,提高运行压力、运行温度以及碱液浓度,改进纯化工艺和相关设施,达到以下目标:

(1)成数倍提高电流密度,大幅降低单位能耗。

(2)显著降低设备的制造成本,努力降低运行成本。

(3)从根本上消除直流串电电流,彻底解决制氢装置长期存在的设备腐蚀问题(详见第 4 章)。

(4)改进和简化氢气纯化工艺,显著降低装置成本(详见第 5 章)。

这些措施不仅能大幅降低投资,增强设备性能,提高电解效率,简化设施,而且能长周期无故障安全运行。

当前,采用碱性电解水生产氢呈井喷式快速发展态势,其规模也越来越大(图 1-2、图 1-3)。

图 1-2　大规模碱性水电解制氢　　图 1-3　1 000 m³/h 碱性水电解槽群

1.3.5.2　固体聚合物水电解

固体聚合物电解质(solid polymer electrolyte,SPE)水电解装置又称质子交换膜制氢(proton exchange membrane,PEM),是基于离子交换技术的高效电解槽。世界上第一台 SPE 电解槽是通用电气公司在 1966 年研制出来的,最早应用在宇宙飞船的燃料电池上,自 1982 年起美国和英国海军核潜艇应用此技术生产氢气和氧气。随着氢能走上历史舞台,这项技术备受各国重视。随着技术不断成熟,一些工厂,包括发电厂已开始应用。现在的 SPE 制氢系统设计紧凑、流程简单、体积小、质量小、电流密度大，电解效率可达 85% 以上，生成的氢气纯度高，氢气单位电耗在 $5.6\sim8.0~kW\cdot h/m^3$，对可再生能源的波动性适应能力强，被认为是最有前景的水电解技术。它能否完全替代如今广泛使用的碱性水电解技术，取决于它使用的贵金属电催化剂等材料，其昂贵的成本和较短的使用寿命，限制了该技术的广泛应用。

SPE 电解槽是以固体聚合物作为电解质，用化学镀或热压的方法，将厚度为纳米级的阳极催化剂和阴极催化剂，分别附着在厚度约为 0.2 mm 的阴、阳电极两侧，反应只需要纯净水和电。它不需要纯化装置，就可生产出纯度为 99.999% 的高纯氢，其露点为 $-65℃$。从质子膜生产出来的氢气，便可达到 1.5 MPa 的压力，所以成品氢气不需要压缩机。其氧气压力为 0.01 MPa。由于固体质子交换膜可以承受较大的两极气体压差，且它们之间可充填固定物，因此，气体不可能穿透；氧气的压力又远低于氢气的压力，所以氧气永远不会渗入成品氢气中去。目前固体质子交换膜制氢机可实现全自动无人操作，膜的使用寿命为 $6\sim8$ 年，系统的设计工作寿命为 20年。SPE 电解原理见图 1－4。

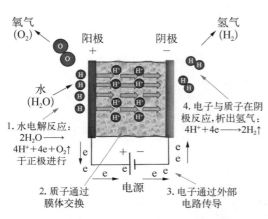

图 1－4　SPE 水电解原理图

SPE 水电解制氢的反应步骤如下：

（1）水电解和氧气析出：原料水（$2H_2O$）从阳极侧经集电器至膜电极阳极催化层内，在阳极催化剂和阳极电位作用下，水在电极和膜交界面处发生氧化反应，分裂成质子（$4H^+$）、电子（$4e^-$）和气态氧（O_2）。氧气沿催化层内的多孔气道排出。

（2）质子交换：$4H^+$ 被吸入 PEM 固体质子交换膜内，并在电场的作用下依靠膜内的磺酸基团从阳极侧移动到阴极侧。

（3）电子传导：$4e^-$ 通过外部电路传导，到达电源正极。

（4）氢气析出：到达阴极的质子与通过外部电路来的电子，在阴极催化剂的作用下很快发生析氢反应 $4H^+ + 4e^- \longrightarrow 2H_2$，产生氢气。

PEM 固体质子交换膜既可作为导电的电解质，又可作为隔膜把氢气和氧气分开。它引导 H^+（质子）直接通过高度稳定、完全惰性的固体聚合物结构。这种结构由特氟隆（Teflon）支撑的含磺基化合物组成，这些膜还包括早期获专利的全氟磺酸

Nafion 膜、碳纤维纸等,具有化学稳定性和热稳定性好、电压降低、电导率高、机械强度高等优点。在电场的作用下,把质子从一个磺酸基组传至下一组,直至与电子反应生成氢气。氢气逐渐增多,被积累在一个固定体积的容器内,从而达到预定压力。该膜能承受高压,当有适当支撑时,能承受几十兆帕的压力。国产的 SPE 水电解制氢装置单台产氢量为 100 m^3/h,纯度为 99.999%,压力为 4.0 MPa。

法国 AREVA 公司生产的 PEM 电解槽系列产品见表 1-4,目前单台最大产氢量为 120 m^3H_2/h,如由 4 台组合产量可达 480 m^3H_2/h,或 24 MW 电力。电解槽的电流密度可超过 1 A/cm^2。氢气经脱氧、干燥后,其杂质含量:$H_2O<5$ ppm,$O_2<5$ ppm,$N_2<2$ ppm,其纯度可达 99.999%。

表 1-4 AREVA PEM 水电解槽系列产品表

规　格		E5	E10	E20	E30	E40	E60	E120
氢气	产量/(m^3/h)	5	10	20	30	40	60	120
	输出压力/bar	14						
	纯度/%	>99.9						
	单位耗能/(kW·h/m^3)	4.4						
氧气	产量/(m^3/h)	2.5	5	10	15	20	30	60
	输出压力/bar	13						
	纯度/%	>99						
原料水消耗/(L/h)		<10	<20	<40	<60	<80	<120	<240
冷却水消耗/(m^3/h)		1	2	4	6	8	12	24
供电	电压 400 V　　AC 3 相 1 地　　频率 50~60 Hz							
	容量/kVA	40	80	160	240	320	480	960
	系统消耗/(kW·h/m^3)	5.7	5.3	5.2	5.1	5.0	4.9	4.8
气柜	尺寸	1 800 mm×1 900 mm ×2 200 mm			2 400 mm×1 900 mm ×2 200 mm			
	质量/kg	900	1 000	1 260	1 860	1 980	2 300	3 200
控制系统		PLC 带触摸屏　　模块化数据处理						

1.3.5.3 固体氧化物水电解

固体氧化物电解池(solid oxide electrolytic cells，SOECs)是在 20 世纪 70 年代发展起来的，是将高温水蒸气进入电解槽，在阴极表面分解成 H^+ 和 O^{2-}，也就是将热能直接转化为化学能。H^+ 得到电子生成 H_2，同时 O^{2-} 通过电解质材料晶格的氧空位迁移到阳极表面，释放出电子生成 O_2。氢气和氧气被具有气密性的电解质分开，从而可以得到高纯的 H_2 和 O_2。由于电解反应是在高温($1\,000℃$)下进行的，要求电极材料具有良好的电子和离子传导性、较高的电极反应活性及电解质之间良好的热机械性和化学匹配性。这些材料制备比较复杂，有的还在研究之中。为了降低温度对材料的限制，科研人员也在研究低温($300\sim500℃$)下的固体氧化物电解池。

上述三种电解槽中，SOEC 是效率最高的，目前尚处于实验室研发阶段。

1.4　氢的其他用途

1.4.1　工业上的应用

氢的用途十分广泛，因为它的密度小，人们很早就用它来填充气球，并用于航空、焊接铅、油类氢化和照明等。但是氢成为近代工业和尖端技术中的重要角色，还是在 20 世纪高温、高压合成技术及核能工业兴起以后。

作为清洁能源，氢可直接用作燃料。氢氧焰能达到 $3\,000℃$ 高温，可替代乙炔、石油气进行焊接、切割金属，加工石英器件、硬质玻璃、光学玻璃、人造宝石等。如今，氢氧焰已成功取代含碳的燃气，对常用于注射的玻璃安瓿瓶(内装高纯化学品)进行封口，取得了令人满意的效果。为了节能和环保，目前氢还广泛用于燃油汽车发动机内的积炭清除，以保养和维护。

液态氢具有质量小、发热量高的优点，其单位重量所包含的热能是汽油的 2.7 倍；而且燃烧时不释放有害气体，没有污染，是理想的动力燃料。液态氢也被用于低温技术，如气泡室、超导方面的研究。

在冶金工业和电子工业中，氢主要用作保护气和还原气体，如金属的热处理过程中防止金属在高温下被氧化，合金的高温机械试验，炉内钢材的加热，高熔点金属钨、钼丝的加工，粉末冶金生产钨、钼、钽、铌等稀有金属，粉末压制品的烧结，以及半导体材料硅、锗的提取和外延层生长、器件烧结等。在浮法玻璃生产过程中，为了防止熔融态的锡被氧化,其保护气体主要成分也是氢。

钢铁行业占全国碳排放总量的 15% 以上。钢铁生产过程的实质,是将铁从矿石中还原出来。

碳冶金的基本反应:

$$Fe_2O_3 + 3CO = 2Fe + 3CO_2$$

氢冶金的基本反应:

$$Fe_2O_3 + 3H_2 = 2Fe + 3H_2O$$

氢冶金是实现近零碳排放的冶金技术。氢冶金就是用氢气替代碳,因氢的传质速率高于一氧化碳,而且是最活泼的元素,故反应速度极快,且最后生成水,无污染。全球首例富氢气体冶金示范工程的全线贯通,标志着我国钢铁行业由传统的"碳冶金"向新型"氢冶金"的转变迈出颠覆性的关键步伐,开启绿色低碳发展新纪元。

根据氢气在高温下能保护和还原金属的特性,可将氢气充入继电器中。这是因为继电器的触点在工作中时刻要开、闭,而且产生电弧、高温,其质量是以正常工作的开闭次数为标准。其结果是:铜触点继电器的标准是 5 000~10 000 次,而充氢后可达 50 万~80 万次;银触点继电器的标准是 10 万次,而充氢后远超 130 万次(图 1-5)。

图 1-5　继电器内充入氢气

大量的氢应用于化学工业中,用氢和氮生产氮肥;氢和氯直接合成氯化氢生产盐酸。在一定的温度、压力和催化剂作用下,氢与一氧化碳反应产生合成汽油、甲醇等,与煤焦油、石油残油等作用生产人造石油和其他化工原料。

依靠铂和镍的催化作用,氢还可以与常温下为液态的不饱和油脂化合发生氢化反应,使它变成固态的硬化油脂。生产的氢化油因口感很好,以前被大量使用在面包、奶酪、人造奶油、蛋糕和饼干等食物中。但过量摄入的人造反式脂肪酸会长期停留在人体内,造成肥胖和心血管疾病,这被称作人类食品史上最大的灾难之一,现在世界各国纷纷限制。

在气体制造工业中也常用氢气来催化除氧,精制氮及惰性气体。氢还被用来冷却几十万千瓦及以上的大型发电机,以及应用于核能工业。

1.4.2 农业上的应用

氢气作为一种绿色农业新概念,成为氢生物领域一道亮丽风景线。氢气可以改良土壤,增加土壤益生菌,代替部分农药。将植物用氢水处理,可以减少植物对镉的吸收。这些发现对农业生产,特别是对解决土壤水源重金属污染问题具有重大意义。在植物效应方面,发现氢对种子萌发、幼苗生长、不定生根、根伸长、果实保鲜、气孔关闭和花青素的合成等方面有比较强的作用。氢气还能通过增强抗氧化防御系统提高植物抗逆能力,从而减少疾病危害,提高适应低温、高温和缺水等不良环境的能力。

有研究表明,氢气是一种新的气体信号分子,可减缓土壤中有机质的降解,从而提高农作物的产量和品质,在农学上具有"氢肥"的美誉,氢气被认为是一种重要的植物生理调节剂。采用富氢水灌溉农作物,或氢气调节处理农副产品是近些年来国际农业研究的前沿技术,目前我国氢农业的研究也处于国际一流水平。

此外,氢气还能与一氧化氮、一氧化碳、脱落酸、乙烯和茉莉酸等信号分子协调发挥作用,调节各地非生物胁迫响应基因的表达,也能影响不定根形成和花青素生物合成相关基因表达。将来研究需重点关注氢气效应分子机制,及其与各种细胞信号分子的相互作用。在提高农业生产效率和绿色农业方面,氢气的应用前景十分广阔。

1.4.3 医学上的应用

1970 年《新闻周刊》报道,法国的卢尔德泉水治愈了 3 岁儿童的肾癌。科学家们分析了这种水的成分,确定水中有 800 ppb(1 ppb 为十亿分之一)含量的氢,是氢清除了人体内会引起各种疾病的有毒活性氧。1975 年美国科学家在《科学》杂志上发表论文指出,呼吸 8 个大气压含 2.5% 的氢气,连续 14 天,可有效治疗动物皮肤的恶性肿瘤。在德国杜塞尔多夫附近的诺尔登瑙洞窟,一直传说有"长寿水",那些得了不治之症的人喝了洞穴里的神奇水,都奇迹般地恢复了健康。1992 年科学家们经过长期的研究,发现水里有丰富的氢气。

人的生命就是一个不断氧化的过程,机体产生能量的过程中必须要有氧,没有氧化就不可能有生命。产生能量的过程中会产生自由基,这是生命存在的基础。如果常压下长时间吸入高浓度的氧气,那会使人体产生更多的有害活性氧自由基。同时雾霾、太阳紫外线、空气污染、室内装修甲醛超标、蔬菜农药的残留、大量的食品防腐剂、添加剂、电脑辐射、熬夜等也都会在身体内产生毒性氧。人体内活性氧自由基过多会造成生物膜系统的损伤,以及干扰细胞内的氧化磷酸化代谢,这几乎是人类所有疾病发生、发展最常见、最基本的病理和生理机制。积累在人体内的毒性氧使核酸突变,这是人类衰老和患病的根源。据约翰霍普金斯大学医院报道:典型疾病受活性氧影响,其中 90% 的疾病是由活性氧引起的,10% 由细菌和病毒引起。但是这些细菌和病毒也可以被活性氧激活,可以说,所有的疾病都是由活性氧引起的。

氢在医学应用方面有以下特点:

(1) 氢是所有元素中最小最活泼的分子,具有最强的扩散性和渗透性,可以非常容易进入细胞内,而其他许多抗氧化物质很难迅速到达这些部位。

(2) 氢分子医学的核心就是利用氢分子的氧化还原能力,来与有害活性氧自由基进行选择性的中和作用: $H_2 + O \Longrightarrow H_2O$。

(3) 氢对人体是安全的,没有任何毒副作用。

氢如此神奇并充满魅力,人们对氢的探索才刚开始。氢医学研究方兴未艾,临床研究的进展,使氢气医学的证据不断丰富。氢作为一种潜在的治疗工具,未来还会不断地带来新的惊喜。

第2章　水电解的基本原理

水电解制氢就是将直流电通入水电解液，使水发生分解，在负极上产生氢、正极上产生氧的电化学反应。

2.1　水　电　解　液

在讲电解质之前，先来做一个实验。在烧杯中盛纯水或物质的水溶液，其中插入两个电极，并在外电路上串联干电池和小灯泡。

如果在烧杯中倒入纯水，则灯泡不发亮，说明纯水不导电。如果在烧杯中倒入氢氧化钠水溶液，则不仅灯泡发亮，而且在两个电极上分别有气体冒出来，说明发生了电化学反应。

2.1.1　电解质溶液

为什么在杯中放入纯水电路不通，而放入碱溶液电路又通了呢？这是由于溶液的导电是靠溶液中的离子来完成的，所谓离子就是带电荷的原子或原子团。因为纯水是弱电解质，它只有很少一部分分子电离成带正电荷的氢离子和带负电荷的氢氧根离子：

$$H_2O \Longrightarrow H^+ + OH^-$$

室温时水的电离度（即达到平衡时已电离的分子数与分子总数之比）$\alpha = 1.8 \times 10^{-9}$。

水的电离常数：

$$K = \frac{[H^+] \times [OH^-]}{[H_2O]}$$

式中，$[H^+]$为氢离子浓度；$[OH^-]$为氢氧根离子浓度；$[H_2O]$为电离的水浓度。

因水的电离度极小,所以[H₂O]是一个常数,K[H₂O]也是常数。用 $K_水$ 代表 K[H₂O],以上就变成[H⁺][OH⁻]＝$K_水$。$K_水$ 为水中氢离子浓度和氢氧根离子浓度的乘积,叫作水的离子积。在普通温度时,无论在中性、酸性或碱性溶液中,都可以认为 $K_水＝1×10^{-14}$。常用氢离子浓度的负对数,即 pH 值来表示溶液的酸碱性: pH＝$-$lg[H⁺]。由于纯水的离子反应很小,因此导电性能很差,故实验时灯泡不发亮。纯净的蒸馏水其电导率为$(1\sim2)×10^{-6}$ S/cm。1 mm³ 正方体纯水所具有的电阻,相当于断面为 1 mm²、长度为$(2\sim5)×10^5$ km 铜丝的电阻,所以纯水不适于电解。当烧杯中放入氢氧化钠水溶液时,因为 NaOH 是强电解质,在水溶液中能全部离解成带正电荷的钠离子和带负电荷的氢氧根离子,并与水形成水合离子。当直流电作用于溶液时,溶液中正、负离子分别向两极移动,并在电极上分别得、失电子变成原子,这就使电路导通,灯泡发亮。这种将直流电通入电解质溶液而发生化学变化的过程就是电解。

根据电离能力的不同,可以将电解质分为强电解质和弱电解质两类。强酸、强碱和大部分盐类都属于强电解质;弱电解质主要是弱酸和弱碱,例如很多有机酸、胺等。

2.1.2　电解液的选择

电解不同的电解质溶液往往会有不同的电解产物。在选择电解液时,首先要考虑电解时能够产生纯净的氢气,此外还必须考虑电解质的电导率、稳定性、经济性、超电压影响以及对设备的腐蚀性等。

不同电解液具有不同的电导率。在强电解质中,由于盐类电导率比酸、碱的电导率都要小,所以一般不用盐类作为电解质。而酸类如硫酸,它的电导率比较高,稳定性也较好,在空气中不变质,其价格也便宜,同时,气体析出、分离比较容易,且析出的氧气气泡大,上升分离快。但是,如果将硫酸作为电解液,则会对电解槽产生强烈的腐蚀;盐酸、硝酸也是如此。因此,工业上不宜采用酸类作电解质。碱液的电导率比较高,而且铁和镀镍的电极在碱溶液中表面都会发生钝化而比较稳定。铁在 NaOH 溶液中腐蚀的情况见表 2-1。

因此,目前生产中一般采用碱液作为电解液,常用的碱液有氢氧化钠和氢氧化钾两种。

表 2 - 1　铁在 NaOH 溶液中的腐蚀情况

NaOH 含量/(g/L)	试验时间/h	重量损失/g
0	22	0.065 3
10	22	0.000 0
100	22	0.000 2

1. 氢氧化钠(NaOH)

氢氧化钠俗名烧碱,是最重要且常用的强碱。常温下氢氧化钠是无色的固体,易吸水而潮解,也很容易吸收空气中的二氧化碳,而逐渐变成白色粉末状的碳酸钠:

$$2NaOH + CO_2 \rightleftharpoons Na_2CO_3 + H_2O$$

所以氢氧化钠应保存在密闭的容器中,避免与空气接触。

氢氧化钠在水中的溶解度很大,当温度为 20℃时每 100 g 水能溶解 51.5 g NaOH,溶解时释放出大量的热。其水溶液有强腐蚀性,皮肤、织物、纸张等都会被它腐蚀。因此,氢氧化钠又叫苛性钠。

2. 氢氧化钾(KOH)

氢氧化钾也是很重要且常用的碱,它的工业制法、性质和用途都与氢氧化钠相似。因为天然的钾盐较少,所以氢氧化钾的价格比氢氧化钠高。我国的青海湖拥有极丰富的钾盐。

氢氧化钾的导电性比氢氧化钠好,虽然它的价格较高,一次性投资大,但从节能和总体效益来看,使用氢氧化钾比使用氢氧化钠要经济,设备腐蚀加重问题也不明显,所以,现在普遍用氢氧化钾作电解液。

为保证电解槽的正常运行,降低电能消耗和延长检修周期,电解液应保持一定的纯度。固碱应使用化学纯及以上,氢氧化钠的含量不应低于 95%,氢氧化钾的含量不应低于 85%。电解液的杂质含量应限制在:

碳酸盐<100 mg/L

铁离子<3 mg/L

氯离子<800 mg/L

如果电解液中存在大量的碳酸盐,将会降低溶液中的氢氧根离子浓度,影响电导率;碳酸盐很容易从碱液中结晶析出,堵塞气、液道。在碱性溶液中,铁离子很容易生成氢氧化物沉淀;铁离子在直流电的作用下也能够沉积到阴极表面变成铁粉,覆盖活化层,影响电极反应,严重时还可能造成极间短路。氯离子的存在会强烈地活化金属,使铁镍电极容易溶解;另外,氯离子的存在容易使隔膜布表面产生黑斑,影响离子渗透,降低隔膜布的使用寿命。当氯离子达到一定浓度时,在直流电的作用下,它也可能到阳极上放电而生成氯气。

2.2 水的分解电压

水电解时,两极外加电压从零开始逐渐增加(图 2-1),溶液中的阴、阳离子分别向电源的正、负极移动,当所加的电压很小时,几乎没有电流通过电路,也看不出任何电解现象。当电压升高到一定数值以后,克服了两极产生的反电动势,最后分别在正、负极上失去和得到电子,并生成了氧气和氢气,这时电流发生了显著变化,见图 2-2。将水电解能顺利进行时所必需的最小电压,叫作水的分解电压。分解电压是由所产生物质的电极电位、极化作用(包括浓差极化、超电压)和电解液电压损耗组成的。

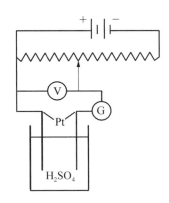

图 2-1 分解电压的测定

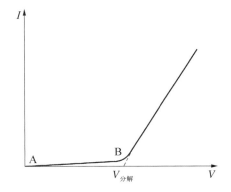

图 2-2 测定分解电压的电流-电压曲线

2.2.1 电极电位

如果把锌(Zn)放在铜盐溶液中,锌将会被溶解,而铜(Cu)则从溶液中析出。其反应如下:

$$Zn + CuCl_2 =\!\!= Cu + ZnCl_2$$

离子方程式为

$$Zn+Cu^{2+}\!=\!=\!=\!Cu+Zn^{2+}$$

在此反应中,锌失去电子变成离子而进入溶液,铜离子得到电子变成原子而从溶液中析出。反过来,把铜放在锌盐溶液中,则不起反应。用类似的方法得知,铅能从铜盐溶液中取代出铜来,铅不能从锌盐溶液中取代出锌来。

这样,就锌、铅、铜三种金属来说,锌最活泼,即失去电子的能力最强,铅次之,而铜最不活泼。通过一系列实验,按照金属取代能力递减的顺序,确定了金属的活动性顺序:钾(K)、钠(Na)、钙(Ca)、镁(Mg)、铝(Al)、锰(Mn)、锌(Zn)、铬(Cr)、铁(Fe)、镍(Ni)、锡(Sn)、铅(Pb)、氢(H)、铜(Cu)、汞(Hg)、银(Ag)、铂(Pt)、金(Au)。

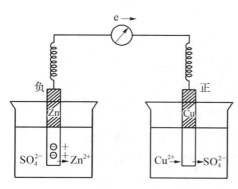

图 2-3 锌铜原电池

上述反应中,从锌转移到铜离子上的电子是无秩序的。假如使反应在一个适当的装置里进行,如图 2-3 所示,在两个烧杯中分别放入锌片和锌盐(例如 $ZnSO_4$ 溶液)、铜片和铜盐(例如 $CuSO_4$ 溶液)。由于锌比较活泼,容易失去电子而进入溶液,使锌片有过多的电子而带负电。进入溶液的锌离子由于和锌片上的负电荷之间的静电作用,大部分聚集在金属表面附近,这就形成双电层,在正负电层之间产生一定的电位差。相反,溶液中的铜离子却沉积在铜片上,使铜片带正电,也形成了双电层并产生了电位差。这时,如果用导线将铜片和锌片连接起来,电子就从锌片通过导线流向铜片。

2.2.1.1 标准电极电位

现在还无法测得金属和其盐溶液之间电极电位的绝对值,因而通常采用标准氢电极的电极电位作为零来进行对其他电极电位的测定(表 2-2)。

表 2-2 标准电极电位

还原型(还原剂)物质	电子数 n	氧化型(氧化剂)物质	电极电位/V
K	1e	K^+	−2.92
Na	1e	Na^+	−2.71
Mg	2e	Mg^{2+}	−2.37

还原型（还原剂）物质	电子数 n	氧化型（氧化剂）物质	电极电位/V
Al	3e	Al^{3+}	-1.67
Mn	2e	Mn^{2+}	-1.10
Zn	2e	Zn^{2+}	-0.76
Fe	2e	Fe^{2+}	-0.44
Cd	2e	Cd^{2+}	-0.35
Ni	2e	Ni^{2+}	-0.23
Sn	2e	Sn^{2+}	-0.14
Pb	2e	Pb^{2+}	-0.13
Fe	3e	Fe^{3+}	-0.04
H_2	2e	$2H^+$	0.00
Sn	4e	Sn^{4+}	$+0.01$
Sn^{2+}	2e	Sn^{4+}	$+0.15$
Sb	3e	Sb^{3+}	$+0.20$
Cu	2e	Cu^{2+}	$+0.34$
$4OH^-$	4e	O_2+2H_2O	$+0.40$
Cu	1e	Cu^+	$+0.52$
MnO_2+4OH^-	3e	$MnO_4^-+2H_2O$	$+0.54$
Fe^{2+}	1e	Fe^{3+}	$+0.77$
Ag	1e	Ag^+	$+0.80$
Hg	2e	Hg^{2+}	$+0.86$
$2Br^-$	2e	Br_2	$+1.07$
$2H_2O$	4e	O_2+4H^+	$+1.23$
$Mn^{2+}+2H_2O$	2e	MnO_2+4H^+	$+1.24$

还原型（还原剂）物质	电子数 n	氧化型（氧化剂）物质	电极电位/V
Au	3e	Au^{3+}	$+1.29$
$2Cr^{3+}+7H_2O$	6e	$Cr_2O_7^{2-}+14H^+$	$+1.364$
Cl^-+3H_2O	6e	$ClO_3^-+6H^+$	$+1.44$
$Pb^{2+}+2H_2O$	2e	PbO_2+4H^+	$+1.46$
Au	1e	Au^+	$+1.68$
$2H_2O$	2e	$H_2O_2+2H^+$	$+1.80$
$2SO_4^{2-}$	2e	$S_2O_8^{2-}$	>1.80
O_2+H_2O	2e	O_3+2H^+	$+2.07$
$2F^-$	2e	F_2	$+2.85$

表 2-2 就是按这种方法测得的各种电极的标准电极电位,是依电位代数值递增的顺序排列的。所谓标准电极电位,就是将金属放入其盐溶液中,而金属离子的浓度为 1 mol/L 时金属电极和标准氢电极之间的电位差。

从表 2-2 可以看出,锌的标准电极电位是 -0.76 V,负号表示该电极和标准氢电极所构成的原电池中它是负极,氢电极是正极。铜的标准电极电位是 $+0.34$ V,正号表示该电极和标准氢电极所构成的原电池中它是正极,氢电极是负极。

2.2.1.2　能斯特方程

电对的电极电位不仅取决于电对的本性,而且还决定于溶液的浓度和温度。电极电位(E)与浓度和温度关系可以用能斯特(1864—1941)方程式表示:

$$E=E^0+\frac{RT}{nF}\ln\frac{[氧化型物质]}{[还原型物质]}$$

式中,E^0 为标准电极电位,这时离子浓度为 mol/L,如果是气体,则它的分压为 0.1 MPa;R 为气体常数;T 为绝对温度;n 为还原型物质转变为氧化型物质时所失去的电子数;F 为法拉第常数;[氧化型物质]——氧化型物质浓度;[还原型物质]——还原型物质浓度。

将各常数代入，当温度为 25℃时，能斯特方程式为

$$E = E^0 + \frac{0.059}{n} \lg \frac{[氧化型物质]}{[还原型物质]}$$

如果还原型物质转化为氧化型物质的方程式中有不等于 1 的系数时，则在能斯特方程式中应以此系数为对应浓度的方次数。

根据能斯特方程式，可以计算出任意两种电极所构成的电池的电动势，判断氧化还原反应能否进行以及进行的限度等。

例：计算以铂为电极、电解 0.1 mol/L NaOH 水溶液（阴极得氢、阳极得氧）的可逆电动势（即理论分解电压）。

解：在阴极上的反应是

$$2H^+ + 2e \xrightarrow{\quad\quad} H_2 \uparrow$$

在阳极上的反应是

$$4OH^- - 4e \xrightarrow{\quad\quad} O_2 \uparrow + 2H_2O$$

所产生的氢气和氧气分别吸附在阴极和阳极上，构成了化学电池，其中氢电极为负极，其电极反应是

$$H_2 - 2e \xrightarrow{\quad\quad} 2H^+$$

氧电极为正极，其电极反应是

$$O_2 + 2H_2O + 4e \xrightarrow{\quad\quad} 4OH^-$$

它们之间产生的电位差与外加电压的方向相反，如果要使电解顺利进行，外加电压就必须克服这一反电动势。其反电动势计算如下：

在 0.1 mol/L 的 NaOH 溶液中：

$$[OH^-] = 0.1 \text{ mol/L}$$

$$[H^+] = \frac{10^{-14}}{[OH^-]} = \frac{10^{-14}}{0.1} = 10^{-13}$$

氢电极的电位是

$$E_{H_2} = E^0_{H_2} + \frac{0.059}{n} \log \frac{[H^+]^2}{1} = 0 + \frac{0.059}{2} \log \frac{[10^{-13}]^2}{1} = -0.77 \text{ (V)}$$

氧电极的电位是

$$E_{O_2} = E_{O_2}^0 + \frac{0.059}{n}lg\frac{1}{[OH^-]^4} = 0.401 + \frac{0.059}{4}lg\frac{1}{[0.1]^4} = +0.46(V)$$

所以,由产物构成的可逆电动势为

$$E_{可逆} = E_{正} - E_{负} = 0.46 - (-0.77) = 1.23(V)$$

要克服反电动势,外加电压必须大于 1.23 V,即理论分解电压。

同样,也可以根据反应的自由能来计算水的理论分解电压:

$$E = \frac{A}{n \times 96\,500}$$

式中,A 为氢氧反应的自由能 236 504 J;n 为电极反应中电子得失的数目;96 500 为法拉第常数。

将以上数值代入上式,得

$$E = \frac{236\,504}{2 \times 96\,500} = 1.23(V)$$

然而,由图 2-1 测得 0.1 mol/L NaOH 水溶液的实际分解电压却超过上述计算所得的理论分解电压。表 2-3 列出了几种电解液浓度为 $[(1/n)\,mol/L]$ 的实际和理论分解电压。

表 2-3 几种电解液的分解电压(Pt 为电极)

电解质溶液	电解生成物	理论分解电压/V	实际分解电压/V
HNO_3	$H_2 + O_2$	1.23	1.69
H_2SO_4	$H_2 + O_2$	1.23	1.67
H_3PO_4	$H_2 + O_2$	1.23	1.70
NaOH	$H_2 + O_2$	1.23	1.69
KOH	$H_2 + O_2$	1.23	1.67
$CuSO_4$	$Cu + O_2$	0.51	1.49
$NiCl_2$	$Ni + Cl_2$	1.64	1.85
$NiSO_4$	$Ni + O_2$	1.10	2.09
$AgNO_3$	$Ag + O_2$	0.04	0.70

这个实际分解电压和理论分解电压的差值,基于这样一个事实:由于电流的通过,两极的电极电位出现了偏离平衡的现象,这种和未通过电流时的电极电位有差异的现象叫作极化作用,二者的差值就是超电势。

2.2.2 极化作用

极化作用的原因很复杂,根据极化产生的不同原因,通常可以简单地将极化作用分为浓差极化和电化学极化两类。

2.2.2.1 浓差极化

在电解时电极表面的离子浓度常常和溶液中的离子浓度有差别。例如电解 NaOH 水溶液,在负极上发生:

$$2H^+ + 2e \longrightarrow H_2 \uparrow$$

如果溶液中的氢离子来不及补充上去,那负极附近的氢离子浓度将小于溶液中氢离子的浓度。

在正极上发生:

$$4OH^- - 4e \longrightarrow 2H_2O + O_2 \uparrow$$

同样,正极附近的氢氧根离子浓度将低于溶液中氢氧根离子浓度。

由于这种浓度差别,使实际电化学反应的电极电位大于按溶液浓度所计算的可逆电极电位,这种由于离子扩散迟缓而引起的极化称为浓差极化。强烈地搅动电解液或升高温度,可以降低浓差极化。在电解过程中,由于电解液的温度较高,且电解液是循环流动的,所以这种极化作用影响不大。

2.2.2.2 电化学极化

电极过程中因电化学步骤受到动力学上的阻碍而引起的极化即电化学极化,所引起的电压降称为超电压。当电极上产生气体时,超电压就特别明显。例如,在电解水过程中,氢离子的放电可分为以下几个步骤进行:

(1) H_3O^+ 从溶液扩散到电极附近;

(2) H_3O^+ 从电极附近溶液中移动到电极上;

(3) H_3O^+ 在电极上取得电子变成原子;

(4) 氢原子结合为氢分子;

(5) 氢分子成气泡在电极上析出。

在上述步骤中,(1)(5)两步不能影响反应速率,至于(2)~(4)三步哪一步反应最慢,研究人员的意见并不一致。迟缓放电理论认为(3)最慢,而复合理论则认为(4),即吸附在电极上的氢原子结合成为氢分子的步骤最慢,进而引起超电压。

至于氧的超电压,则更为复杂,且再现性小。一般认为是形成的高价氧化物,如NiO_2、Ni_2O_3等引起的。影响超电压的因素很多,如电极材料、电极表面状态、电流密度,以及电解液的性质、温度、浓度等。

1. 电极对超电压的影响

气体在不同的电极材料上,具有不同的超电压。表2-4列出了在电流密度不大及温度为20℃的情况下,氢、氧气在不同的金属电极上的超电压。

表2-4 氢、氧气在不同金属电极上的超电压

金　属	η_{H_2}/V	η_{O_2}/V	金　属	η_{H_2}/V	η_{O_2}/V
Pt(镀铂黑)	>0	0.3	Ni	0.2~0.4	0.05
Pd	>0	0.4	Cu	0.4~0.6	—
Au	0.02~0.1	0.5	Cd	0.5~0.7	0.4
Fe	0.1~0.2	0.3	Zn	0.6~0.8	—
Pt(光亮的)	0.2~0.4	0.5	Hg	0.8~1.0	—
Ag	0.2~0.4	0.4	Pb	0.9~1.1	0.3

选择电极材料是根据电解质的稳定性,对气体的超电压及材料的经济性综合考虑的。由于铂(Pt)、钯(Pd)和金(Au)都是价格昂贵的金属,所以工业上就不可能用它们来制造电极。

生产中通常用镀一层无光泽镍的软铁作为阳极。这是因为在氧气存在的情况下,铁在碱性溶液中阳极极化时稳定性不够,容易生成亚铁酸盐而被腐蚀;又因为氧气在镍上的超电压比较小,且铁与镍的电极电位相当接近,一旦镀层被破坏,它们之间的电化腐蚀就变得比较缓慢。也有直接用镍薄片或镍丝网、泡沫镍作阳极的。从标准电极电位可以看出,电解时作为阳极的金属镍镀层比溶液中的氢氧根离子更容易失去电子而进入溶液,但实际上镍并不溶解,这是因为在碱性溶液中镍将会被钝化。从表2-4也可看出,氢在铁上的超电压是比较小的,而铁在碱溶液中又是非常稳定的,所以工业上就直接用软铁作为阴极。

除了电极材料的性质影响超电压外,电极的表面状态对超电压也有很大影响。在粗糙表面上的超电压要比在光滑表面上的超电压小。这是因为粗糙电极的真正工作面积要比光滑电极表面积大得多。例如三种不同加工方法的电极:抛光铁片、砂纸磨光铁片和喷砂(丸)磨光铁片,它们的表面积之比为 1∶6∶14,它们的超电压大小就不同。当电流密度为 1 000 A/m² 时,氢在抛光铁片上的超电压就比在喷砂铁片上的超电压高 0.2 V。工业上较多采取喷涂的办法增加表面积。

2. 电流密度和超电压的关系

表 2-5、表 2-6 列出了一些材料在不同的电流密度和温度下氢和氧的超电压。图 2-4、图 2-5 表示了氢、氧在不同电流密度下的超电压。

表 2-5　在 16% 氢氧化钠溶液中氢的超电压 单位:V

电极材料	电流密度/(A/m²)(18℃)				电流密度/(A/m²)(80℃)				
	100	500	1 000	2 000	100	500	1 000	2 000	3 500
镀铂黑的铂	0.04	0.06	0.08	0.095	0.01	0.03	0.045	0.055	—
电镀含硫的镍	0.11	0.16	0.19	0.21	0.02	0.06	0.08	0.10	—
喷砂加工的镍钢	0.21	0.31	0.36	0.40	0.11	0.15	0.18	0.23	—
压延过的镍钢	0.37	0.47	0.51	0.55	0.30	0.39	0.43	0.47	—
喷砂过的铁	0.26	0.35	0.39	0.45	0.12	0.18	0.22	0.27	0.345
镍　铁	0.25	0.39	0.49	0.56	0.16	0.24	0.26	0.30	—
钴　铁	—	—	0.42	0.47	0.20	0.30	0.36	0.42	—

表 2-6　在 16% 氢氧化钠溶液中氧的超电压 单位:V

电极材料	电流密度/(A/m²)(18℃)				电流密度/(A/m²)(80℃)				
	100	500	1 000	2 000	100	500	1 000	2 000	3 500
电镀含硫的镍	0.32	0.36	0.385	0.42	0.18	0.22	0.24	0.265	—
喷砂过的镍钢	0.35	0.40	0.44	0.48	0.25	0.275	0.29	0.31	0.34
压延过的镍钢	0.55	0.77	0.82	0.85	0.31	0.36	0.40	0.43	—
钴　铁	0.31	0.35	0.37	0.39	0.23	0.25	0.27	0.29	—

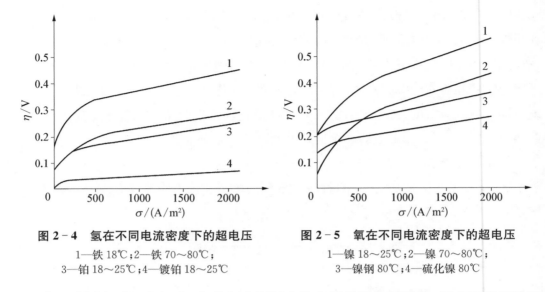

图 2-4　氢在不同电流密度下的超电压　　图 2-5　氧在不同电流密度下的超电压
1—铁 18℃；2—铁 70~80℃；　　　　　　1—镍 18~25℃；2—镍 70~80℃；
3—铂 18~25℃；4—镀铂 18~25℃　　　　　3—镍钢 80℃；4—硫化镍 80℃

由上述图表可以看出，氢、氧的超电压随电流密度的增加而增加，但在不同的阶段上，增加的速率不等。当电流密度较小时增加的速率较大，但当增加到一定程度后，增加的速率就很小，而趋向某一数值。所以在实际运行时应设法降低电解槽的电流密度。

在一定的电流密度范围内，超电压(η)与电流密度(σ)的对数存在着直线关系，这就是塔菲尔在 1905 年提出的经验公式：

$$\eta = a + b \lg \sigma$$

常数 a 是电流密度等于 1 A/cm^2 时的超电压值，它和电极材料、电极表面状态、溶液组成及温度、浓度有关。b 的数值与上述关系不大，对于大多数金属来说数值都差不多。各种材料的 a、b 值见表 2-7。

表 2-7　$T=20$℃时不同金属的 a、b 值

金属	溶液/(mol/L)	a/V	b/V	金属	溶液/(mol/L)	a/V	b/V
Pb	1/2 H$_2$SO$_4$	1.560	0.110	Fe	HCl	0.700	0.125
Hg	KOH	1.510	0.105	Ni	0.11 NaOH	0.640	0.100
Zn	1/2 H$_2$SO$_4$	1.240	0.118	Co	0.11 NaOH	0.620	0.140
Sn	HCl	1.240	0.116	Pt(光滑)	0.11 NaOH	0.100	0.130
Ag	HCl	0.950	0.116	—	—	—	—

超电压除了与电极、电流密度有关外,还与电解液的性质、温度和浓度有关,随着电解液的温度或浓度的升高而下降。

在上例中计算了理论分解电压,如果不考虑浓差极化,那么,以铂为电极电解 0.1 mol/L NaOH 水溶液的实际分解电压是:

实际分解电压＝理论分解电压＋超电压

＝氢的理论电位＋氧的理论电位＋氢的超电压＋氧的超电压

＝0.77＋0.46＋0.09＋0.45＝1.77(V)

在电解过程中,由于超电压的存在,多耗费了电能,所以应当尽量使它减小。但超电压也有有利的一面,例如工业上电解锌盐的中性溶液,按电极电位计算应是放出氢气,因为氢的电位等于:

$$E_{H_2}=0+\frac{0.059}{2}\log(10^{-7})^2=-0.413(V)$$

而锌的电极电位等于－0.76 V,但由于氢在锌上的超电压使氢的析出电位小于－0.76 V,故电解得到锌。在铅蓄电池充电过程中,正是由于氢在铅上有很高的超电压,才不致放出氢,而使硫酸铅还原为金属铅。

2.2.3 电解液的电压损耗

电解液的电压损耗($V_{液}$),可以用欧姆定律来计算:

$$V_{液}=IR_{液}=I\rho L/A$$

式中,I 为电流强度,A;$R_{液}$为电解液电阻,Ω;ρ 为电解液电阻率,$\Omega \cdot cm$;L 为电极间的距离,cm;A 为电解液的有效截面积,cm^2。

在实际应用中,通常用电阻的倒数来表示物质的电导(G):

$$G=\frac{1}{R}=1/\rho \times \frac{A}{L}=X\frac{A}{L}$$

式中,X 是电导率,即电阻率的倒数,$1/(\Omega \cdot cm)$,即 S/cm。

从上式可以看出,电解液的电压损失与电解液的电导率、电解液的有效截面积成反比,与两极间的距离成正比,下面就这些因素分别进行讨论。

2.2.3.1 电解液的电导率

对电解质而言,电导率就是取两块面积均为 $1\ cm^2$、距离为 1 cm 的两个电极,中间放置 $1\ cm^3$ 溶液时所表现出来的电导。不同的电解液具有不同的电导率,其数值大小取决于溶液中离子的多少和离子运动的速度,与电解液的温度、浓度有关。压力对电导率的影响不大,例如压力增加至 20 MPa 时,醋酸的电导率仅减少到原来的 60%。

1. 电导率与浓度的关系

从图 2-6 中可以看出,开始时电解液的电导率随溶液浓度的增加而增加,但当电导率增加到一个极大值后,随着浓度的增加电导率反而减小,其中最显著的是硫酸。为什么会出现这种现象呢?这是因为溶液的浓度增加时离子的数目也随之增加,故电导率增加。但是随着浓度的增加却使得离子间相互吸引加强,而降低了离子的运动速度,所以电解液太浓时电导率反而减小。表 2-8 和表 2-9 分别给出了各种浓度的氢氧化钠和氢氧化钾在不同温度时的电导率。

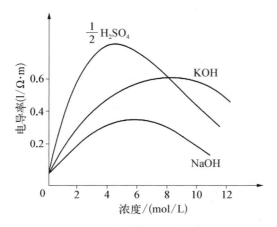

图 2-6 电解液浓度与电导率关系

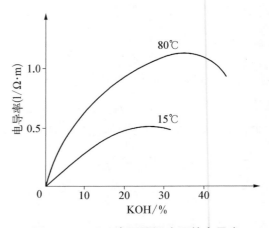

图 2-7 KOH 在不同温度下的电导率

表 2-8 NaOH 水溶液电导率 单位:S/cm

	15%	17.5%	20%	22.5%	25%	27.5%	30%	32.5%	35%	37.5%	40%
50℃	0.635	0.655	0.663	0.658	0.632	0.591	0.562	0.520	0.513	0.475	0.448
55℃	0.685	0.710	0.724	0.722	0.700	0.639	0.638	0.606	0.590	0.556	0.525
60℃	0.750	0.769	0.786	0.790	0.775	0.743	0.718	0.690	0.664	0.640	0.610
65℃	0.800	0.827	0.855	0.859	0.847	0.820	0.796	0.769	0.745	0.722	0.693
70℃	0.853	0.885	0.919	0.925	0.919	0.895	0.858	0.850	0.833	0.805	0.777
75℃	0.861	0.942	0.982	0.993	0.990	0.971	0.952	0.930	0.907	0.887	0.859
80℃	0.956	1.000	1.046	1.060	1.063	1.047	1.032	1.010	0.989	0.970	0.945

表 2 - 9　KOH 水溶液的电导率　　　　　单位：S/cm

	20%	22.5%	25%	27.5%	30%	32.5%	35%	37.5%	40%
50℃	0.800	0.864	0.906	0.943	0.960	0.943	0.930	0.909	0.867
55℃	0.852	0.912	0.965	1.001	1.012	1.012	1.000	0.980	0.940
60℃	0.910	0.974	1.031	1.072	1.085	1.086	1.076	1.058	1.020
65℃	0.940	1.033	1.083	1.110	1.153	1.157	1.149	1.133	1.095
70℃	1.012	1.100	1.156	1.200	1.209	1.229	1.222	1.208	1.174
75℃	1.078	1.159	1.220	1.269	1.290	1.300	1.295	1.284	1.250
80℃	1.134	1.200	1.266	1.332	1.357	1.370	1.368	1.359	1.326

从表 2 - 8、表 2 - 9 可以看出，电导率最大的数值是随着温度的升高而趋向较浓溶液的方向，因此在运行中必须按照电解过程控制的温度来选择电解液的浓度。当电解温度控制在 80～85℃时，一般采用 32%左右的氢氧化钾，它在 15℃时的密度为 1.31，即 34 波美度［在某些工厂中目前还习惯用波美度（°Bé）来表示浓度，波美度和密度的换算公式是°Bé＝144.3－144.3/密度］。质量分数与密度、波美度的换算见附录 2。

如果温度较低，而碱液浓度又过高，则不仅会增加电耗，而且还可能析出碱液晶体，堵塞液道管和气道管，造成电解小室内液位下降、电压升高，最后造成电弧打火事故。如果浓度过低，例如氢氧化钾浓度低于 200 g/L 时，不仅会增加电耗，而且会使金属的钝性减弱，增加对设备的腐蚀。因此，在电解生产过程中，须定期测量碱液浓度并及时调整，使其保持在规定的工艺范围内。

2. 电导率与温度的关系

由图 2 - 7 可以看出，电解液的电导率是随着溶液温度升高而增加的，这是因为温度升高时液体的黏度减小、离子的扩散速度增加。另外，随着温度的升高，氢气、氧气分别在阴、阳极上的超电压也将降低，从而使电极反应加快。所以在水电解过程中，应保持较高温度。目前，水电解行业已成功用非石棉隔膜替代了石棉布，它的耐碱、耐温和机械性能都远优于后者。

2.2.3.2　电解液的有效截面积

电解液的有效截面积与电解槽的极板大小和电解液中的含气度有关。电极板面积的增大,不仅使极板本身反应面积增大,而且使电解液的有效截面积也相应变大,使电导率增大。电解液中的含气度以气泡的容积与电解液总容积的百分比来表示。由于电解时电解液被上升的气泡充满,从而减小了电解液的有效截面积,使电流通过电解液时电阻增加。含气度对溶液电阻的影响很大,从图2-8中可以看出,当电解液的含气度为35%时,其电阻比没有气泡时大一倍。因此,设法减少含气度对节约用电具有重要意义。

含气度与电流密度、电解槽的结构、气泡的大小、电解液的温度、黏度及其循环有关。目前生产中采用的减少含气度的方法主要有以下几种。

(1)改变电极结构,使气泡容易导出,如多孔式电极、百叶窗式电极、网状电极等。这不仅能使产生的气泡从极板后面导出,减少电解液工作横截面的含气度,而且能增加电极的反应面积,进而提高电流密度。

(2)加速电解液的循环,使气泡能较快被带出。电解槽是利用氢、氧气的气泡动力带动电解液进行自然循环的,现在绝大多数电解槽是利用泵进行强制循环,使电解液不断冲刷电极表面,迅速带走极片上生成的气泡。

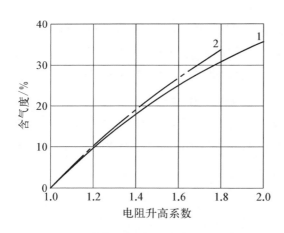

图2-8 含气度对电解液内电阻的影响
1—测量出的电阻;2—计算出的电阻

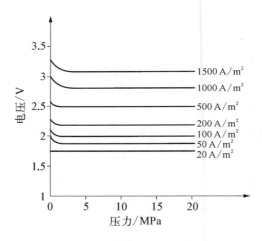

图2-9 电压与压力的关系

(3)加压下电解水,使产生的气体在溶液中占有较小的体积。随着压力不断增大,电解液中含气度变小将是主要因素。从图2-9中可以看出,电压随着运行压力的升高而下降。在大的电流密度下,压力在4 MPa内,电压降低最明显。当电流密度为1 500 A/m²、操作压力从0.1 MPa提高到4 MPa时,能降低电压0.33 V;而当压力从4 MPa提高到20 MPa时,电压仅减少0.07 V。另外常压电解时的工作温度受到电解液的沸点的限制,加压后可提高工作温度。由于电解槽在较高压力下运行会促使气体产量减少,如将工作压力提高到 10 MPa 时,气体产量会减少 4.5%,且槽体制造不经济、操作维护困难。所以在实际应用中,电解槽的工作压力一般控制在 3 MPa 以内。

(4) 电解槽采取低电流密度运行,详见 4.4.3。

以上叙述了电解槽内各种电压损失,槽体的电压(V)就等于各种电压的算术和:

$$V = E_H + E_O + \eta_H + \eta_O + V_浓 + V_液 + V_隔 + V_极 + V_接$$

式中,E_H、E_O 分别为氢、氧的理论分解电压(可逆电位);η_H、η_O 分别为氢、氧在阴、阳极上的超电压;$V_浓$ 为浓差极化;$V_液$ 为电解液的电压损耗;$V_隔$ 为隔膜电压损耗;$V_极$ 为电极中的电压损耗;$V_接$ 为接触点的电压损耗。

当电解槽材料良好、操作正常时,$V_浓$、$V_隔$、$V_极$ 及 $V_接$ 均很小,可以忽略不计。所以槽体电压主要是理论分解电压、超电压和电解液电压损失。

2.3 电 解 反 应

金属的导电是依靠自由电子在金属中的定向运动来完成的,这时金属导体本身不发生任何化学变化。而电解液的导电是依靠溶液中的离子来完成的,即阴、阳离子在电场的作用下向两个相反方向移动,分别在正极(或正极本身)上失去电子、在负极上得到电子,变成新的物质。

2.3.1 电解液的导电机理

在电解液中插入正、负两个电极,接通电源后,溶液中的离子分别受到电极的吸引与排斥作用,阳离子移向负极、阴离子移向正极,见图 2-10。这时阳离子在负极上取得电子发生还原反应,变成原子或原子团;而阴离子则将它的电子送给正极发生氧化反应,也变成了原子或原子团(也可能阳极金属本身失去电子变成离子而进入溶液)。从电源负极出发的电子依次在金属导线内排列流向电解池负极,在负电极上被阳离子所获得。向电源正极方向输送的电子,实际上是溶液中的负离子定向运动到电解池的阳极上放出的,再在导线中依次排列流向电源正极。

图 2-10 所示的电极是单极性的,由于单极性电解缺点很多,目前工业上一般都采用双极性电解,其导电情况见图 2-11。阳极极板 1 与电源正极相连,阴极极板 5

与电源负极相连,它们分别带正电和负电。在电场的作用下,中间的双极性电极2～4的两侧各带有相反的电荷,左侧带负电、右侧带正电,各块极板之间的电位从左到右递减。在各个电解小室里,电位较高的极板就会将溶液里的阳离子推向电位较低的极板,而将阴离子拉向自己;电位较低的极板就会将阴离子推向电位较高的极板,而将阳离子拉向自己。从整个槽体来看,阴、阳离子朝着两个相反方向移动,当两极间达到一定电压时,它们就在各个正、负极上分别失去和得到电子。从总的结果来看,电子似乎从极板5传到极板4,再传到极板3、极板2,最后传到极板1。实际上并非如此,而是,极板5上的电子被小室里左方来的阳离子所获得,阴离子则在极板4上放出电子,再通过金属导电,电子从极板4的右侧传到了左侧。在其他极板上也发生同样的情况,依次类推,使得整个电路导通。

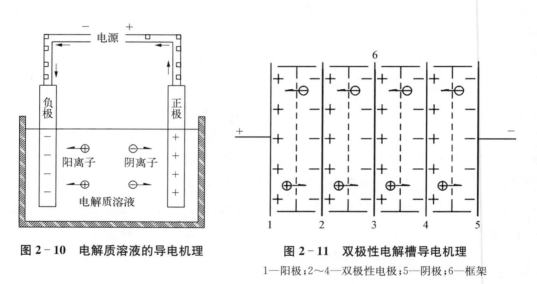

图 2-10 电解质溶液的导电机理   图 2-11 双极性电解槽导电机理

1—阳极;2～4—双极性电极;5—阴极;6—框架

电解液中除电解质的阴、阳离子外,还有由水电离出来的氢离子(包括 H_3O^+)和氢氧根离子,它们也分别趋向负极和正极。

2.3.2 电解时的电极反应

根据各种电极反应的标准电极电位、溶液的浓度、温度及超电压,可以计算出在正、负极上发生什么样的反应(如果用金属电极作阳极,则电极也可能参加反应)。总的来说,正极上进行的是氧化反应,放电的必定是容易给出电子的物质,也就是将上述各种因素考虑在内,电极电位代数值较小的物质首先在正极上放电。而在负极上进行的是还原反应,首先反应的必定是容易获得电子的,也就是电极电位代数值较大的物质。

2.3.2.1　酸性溶液水电解

在溶液中,有:

$$H_2O \xrightarrow{\cdot\ \cdot} H^+ + OH^-$$

$$H_2SO_4 \longrightarrow 2H^+ + SO_4^{2-}$$

在负极上有可能反应的只有 H^+ ,所以在负极上:

$$2H^+ + 2e \Longrightarrow H_2 \uparrow$$

在正极上有可能反应的有 OH^- 及 SO_4^{2-} ,因 OH^- 比复杂的原子团 SO_4^{2-} 更容易失去电子,所以在正极上:

$$2OH^- - 2e \Longrightarrow H_2O + \frac{1}{2}O_2 \uparrow$$

从上述反应可以看出,原则上电解是不消耗酸的,只消耗水。

2.3.2.2　碱性溶液水电解(以镍为阳极)

在溶液中,有:

$$H_2O \xrightarrow{\cdot\ \cdot} H^+ + OH^-$$

$$NaOH \longrightarrow Na^+ + OH^-$$

在正极上有可能反应的是 OH^- 和镍电极。根据电极电位,虽然金属镍比 OH^- 更容易失去电子,但由于镍在碱液中被钝化,使它不易失去电子。所以在正极上:

$$2OH^- - 2e \Longrightarrow H_2O + \frac{1}{2}O_2 \uparrow$$

在负极上有可能参加反应的有 Na^+ 和 H^+ 。假定电解在室温下进行,碱液浓度为 22.5%(密度 1.25),那么 NaOH 的浓度为

$$c(NaOH) = \frac{22.5/40}{100/1.25} \times 1\,000 \approx 7.0(mol/L)$$

所以 $[OH^-] = 7.0$ 。

根据水的离子积

$$[\text{H}^+]=\frac{10^{-14}}{[\text{OH}^-]}=\frac{10^{-14}}{7.0}\approx1.43\times10^{-15}$$

再根据能斯特方程计算,氢的电极电位为

$$E=E_\text{H}^0+0.059/2\times\lg[\text{H}^+]^2$$
$$=0+0.059/2\times\lg(1.43\times10^{-15})^2$$
$$\approx-0.87(\text{V})$$

再考虑到氢在铁上的超电压,一般小于 0.4 V,那么氢的实际析出电位(U_H)将是:

$$U_\text{H}=-0.87-0.4=-1.27\ \text{V}$$

但这个数值仍不能小于钠的电极电位:

$$E_\text{Na}=E_\text{Na}^0+0.059/1\ \lg[\text{Na}^+]$$
$$=-2.71+0.059\ \lg7$$
$$\approx-2.66(\text{V})$$

所以在负极上总是析出氢(除汞电极外,因氢在汞上的超电压特别大),而钠仍然留在溶液中:

$$2\text{H}^++2\text{e}=\!=\!=\text{H}_2\uparrow$$

假如溶液中 Na^+ 浓度能增大到使 Na^+ 从溶液中析出的程度(电位达到-1.27 V),则 Na^+ 浓度(X)可用能斯特方程式来计算:

$$-1.27=-2.71+0.059\ \lg X$$

得 $X=3\times10^{24}$

要使溶液中 Na^+ 浓度能达到该数值,是不可能的。所以即使提高 NaOH 浓度,在负极上还是不可能析出金属钠。如果碱液中存在其他正负离子,同样可以根据能斯特方程式来计算其电极电位,并考虑超电压影响,来判断这些离子能否发生反应。

当电解比较活泼的金属(如锌、铁、镍)碱溶液或盐溶液时,则在阴极上反应的是这些金属的离子,而不是氢离子,即在负极上不是放出氢气而是析出该金属。这是由于超电压和浓度的关系,使这些金属的电极电位代数值大于氢的电位。工业上就是用金属镍作正极、被镀物作负极、硫酸镍为电解液进行电镀。因正极上镍比氢氧根离子更容易失去电子,而使镍变成离子进入溶液,镍离子在被镀的金属负极上得到电子而析出金属镍,从而完成电镀。当电解液的阳离子是不活跃金属的离子时,这种离子就更容易析出。

从碱溶液电解的正、负两极反应可以看出,在电解过程中原则上是不消耗碱的,只消耗水。但在实际生产中,产生的氢、氧气要带走一部分碱液,又因设备的渗漏和其他机械损耗使碱液有所损失,损失的多少与电解设备和操作条件有关,一般每产生 $1.0~m^3$ 氢气和 $0.5~m^3$ 氧气大约损失固体碱 1.5 g。

2.3.3　法拉第定律

英国物理学家法拉第研究了电解时产物的质量和通过的电量之间的关系,于 1833 年提出了电解定律:

(1) 电流通过电解质溶液时,电极反应产物的质量与通过的电量成正比。

(2) 用相同的电量通过各种不同的电解质溶液时,在电极上电极反应产物的质量同它们的摩尔质量成正比。

实验确定:电解时析出 $1/n$ mol 任何物质,需要 96 500 C(库仑)的电量,n 为某物质得失的电子数,96 500 C 电量通常称为法拉第常数。因为 1 C＝1 A·s(安培·秒),所以 96 500 C＝26.8 A·h。

从电子学说的角度分析,如电解 $FeCl_3$ 溶液时,从溶液中析出的铁是 Fe^3,从阴极得到三个电子;而与此同时,有三个 Cl^- 将电子给了阳极而变成氯原子。因此,每有三个电子转移,就有一个铁原子和三个氯原子析出。

法拉第定律是自然科学中最准确的定律之一,它适用于任何溶液的电解,而且与温度、压力、电解质、电极等外界条件完全无关。例如:水电解时 26.8 A·h(96 500 C)电量能够产生 $1/n$ mol 氢,其质量为分子量除以转移的电子数:2.016 g÷2＝1.008(g)。因为在标准状态下,1 mol 的任何气体都占有 22.4 L 的体积,而氢分子是由两个氢原子结合而成的,所以 $1/n$ mol 氢在标准状况下为 22.4 L/2＝11.2 L。那么在一个电解小室里,每安培电流、每小时可以产生的氢气(V)为

$$V=\frac{11.2~L}{26.8~A \cdot h}=0.418~L/(A \cdot h)=4.18 \times 10^{-4}~m^3/(A \cdot h)$$

因此,每台电解槽的产氢量(V_H)为

$$V_H=4.18 \times 10^{-4} Int~\eta$$

式中，V_H 为每台电解槽产氢量，m^3；I 为槽电流，A；n 为电解小室数；t 为时间，h；η 为电流效率。

同样，26.8 A·h 也能产生 $1/n$ mol 氧，其质量为：32/4＝8 g，在标准状态下体积为 22.4 L/4＝5.6 L，是氢气产量的一半。

以上所述和求得的气体体积均称为标准状态下的体积。一定质量的气体体积与温度、压力有关，它随温度升高而增大、随压力增大而减小。如果用 p_1、V_1、T_1 和 p_2、V_2、T_2 分别表示一定质量的气体在两种不同的状况下的压力、体积和绝对温度，那么在压力和温度都不太高的情况下，它们三者之间的关系可以用理想气体的状态方程来表示：

$$\frac{p_1 V_1}{T_1} = \frac{p_2 V_2}{T_2}$$

在标准状况下，$p＝101.3$ kPa，$T＝273＋0＝273$ K，根据上式可以进行实际计算。

例如：某厂氢氧站有一台电解槽，共有 100 个电解小室，其输入电流为 6 000 A，电流效率为 99.0%，试问外送压力为 2.5 kPa、温度为 27℃时，这台电解槽每小时能送出氢、氧气各多少立方米？

解：在标准状况下氢气的产量为

$$V_{H_2} = 4.18 \times 10^{-4} \, Int \, \eta$$
$$= 4.18 \times 10^{-4} \times 6\,000 \times 100 \times 1 \times 99\%$$
$$= 248(m^3)$$

根据气态方程

$$\frac{p_1 V_1}{T_1} = \frac{p_2 V_2}{T_2}$$

已知：$p_1＝101.3$ kPa，$V_1＝248$ m^3，$T_1＝273$ K；

$p_2＝101.3$ kPa＋2.5 kPa＝103.8 kPa，$T_2＝273＋27＝300$ K。

将以上各数值代入气态方程，得：

$$V_2 = 266 \ m^3$$

氧气的产量为氢气的一半，则

$$V_{O_2} = 133 \ m^3$$

2.4　能量衡算和物料衡算

在水电解生产氢的过程中,主要是电能的消耗,其中一部分电能是用来克服阻力而产生热量。

2.4.1　电能消耗和电流效率

电能消耗(W)与电压(V)、电量(Q)成正比:

$$W = V \cdot Q$$

根据法拉第定律,在标准状况下制取 1.0 m³ 氢气和 0.5 m³ 氧气的理论电量为

$$Q = 26.8/11.2 \times 1\,000 = 2\,390 \text{ A} \cdot \text{h}$$

因此,理论电能消耗(W)为

$$W = VQ = 1.23 \times 2\,390 = 2\,940 \text{ W} \cdot \text{h} = 2.94 \text{ kW} \cdot \text{h}$$

如果电解槽的极间电压为 1.7~2.0 V,那么在标准状况下每生产 1.0 m³ 氢气和 0.5 m³ 氧气,实际电能消耗为 4.06~4.78 kW · h/m³H₂。

理论电流 I_0 与实际消耗电流 I 的比值称为电流效率(η),用百分率来表示:

$$\eta = (I_0/I) \times 100\%$$

2.4.2　热量衡算

水电解时实际电能消耗是理论电能消耗的 1.5 倍,这也就是该输入电能中 70% 用于水的分解,其余部分用来克服内电阻而转变为热量(Q)。电解槽内放出的总热量为下列各部分之和:

$$Q = q_1 + q_2 + q_3 + q_4 + q_5$$

式中,q_1 为冷却水带走的热量,即 $q_1 = cm \cdot \Delta t$,c 为水的比热,m 为冷却水量,Δt 为冷却水进、出口的温度差;q_2 为补充水加热至电解运行温度时所消耗的热量;q_3 为水蒸发时所消耗的热量;q_4 为被氢、氧气所带走的热量;q_5 为消失在周围介质中的热量。

当电流强度不变、电解过程及周围介质温度也不变时,q_2、q_3、q_4 和 q_5 也是一定的,因此要维持电解槽一定的运行温度,主要取决于冷却水的控制。

2.4.3 水的消耗

在电解过程中,水被分解成氢和氧,假定每生产 1 m³ 氢气和 0.5 m³ 氧气需 $X(\text{g})$ 水,则:

$$H_2O \xrightarrow{\text{电解}} H_2 \uparrow (\text{阴极}) + \frac{1}{2}O_2 \uparrow (\text{阳极})$$

| 18 g | 22.4 L | 11.2 L |
| X | 1 000 L | 500 L |

即 $18 : X = 22.4 : 1\,000$,得

$$X = \frac{18 \times 1\,000}{22.4} \approx 804$$

在标准状况下每生产 1 m³ 氢气和 0.5 m³ 氧气,理论上需要消耗约 804 g 纯水。但在实际生产过程中纯水的消耗量还要高些,这是因为在电解过程中有一部分水以水蒸气形式被氢气、氧气带出。气体出口温度越高,饱和蒸气压便越大,被带走的水蒸气量也就越多;气体出口压力越大,电解液浓度越高,则被带走的水蒸气量就越少。一般电解设备在标准状况下每生产 1 m³ 氢气和 0.5 m³ 氧气,实际消耗纯水量在 0.9 L 左右。

第3章　水电解制氢的装备及流程

　　工业上水电解制氢的设备,主要有电解槽,包括分离器、洗涤器、冷却器、碱液过滤器、循环泵、压力调节及 PLC 控制;系统中还配有纯水制备及直流电源,见图 3-1。根据对气体纯度的要求和产销情况,有的又设有氢气纯化装置和气体加压、充瓶设备。

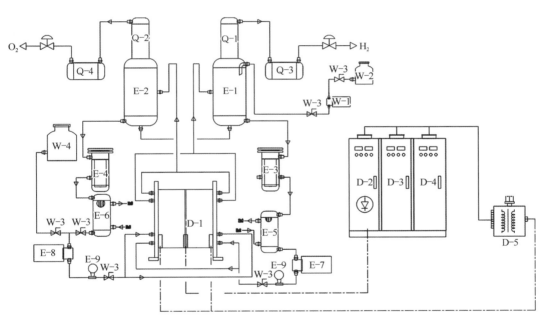

图 3-1　水电解制氢装置及流程

D-1—电解槽;D-2—整流器;D-3—控制柜;D-4—配电柜;D-5—变压器;E-1—氢分离器;E-2—氧分离器;E-3—氢碱液过滤器;E-4—氧碱液过滤器;E-5—氢碱液冷却器;E-6—氧碱液冷却器;E-7—氢碱液泵;E-8—氧碱液泵;E-9—流量表;Q-1—氢综合塔;Q-2—氧综合塔;Q-3—氢气水分离器;Q-4—氧气水分离器;W-1—纯水泵;W-2—纯水箱;W-3—调节阀;W-4—碱箱

　　20 世纪中叶之前,我国的水电解工业几乎是空白,仅上海和大连有进口的箱式和铸铁的水电解槽,且效率低、产量少。从第一个五年计划开始,随着各类工厂的建立,也配套进口了一些水电解制氢设备,哈尔滨机联机械厂(简称哈机联)开始试制并进行批量生产。产品有 DQ－4 型电解槽、DY－24 型电解槽、ΦB－500 型电解槽和 DY－20 型电解槽等,70 年代哈机联又制造成功 DY－125 型电解槽。随着工业的不断发展,各行各业对氢气的需要量大幅增加,并对电解槽的材质、结构、性能、单台产量及压力提出了更高的要求。以中国电子工程设计院为首的我国科研、设计、制造和使用单位的广大科技人员,进行了不懈的努力,特别是在氢能源应用迅速发展的今天,又相继问世了中船重工 718 所、苏州竞立制氢设备有限公司、天津大陆制氢设备有限公司、温州高企氢能科技有限公司和清耀(上海)新能源科技有限公司等企业,他们不断地研制出新的型号和系列,如 SDJ 2500－50 型制氢装置,以及 DQ、ZDQ、HDQ、FDQ 和 CHO、CHG、SAK 等系列制氢产品,这些产品设计新颖、结构紧凑、体积小、运行压力高、密封性能好、能耗低、自动化水平高,其制造、组装、使用和检修变得越来越简单。产品不仅满足了我国国民经济的需要,而且还出口到许多国家。

当前,研发大型电解水制氢设备,以建造大规模的水电解槽群,充分利用水力能、风能、太阳能、潮汐能等可再生能源和核能,以及城市低谷电生产氢气,替代化石能源,努力满足人们对绿氢需求的快速增长,推动实现"双碳"目标。

3.1　水　电　解　槽

水电解槽是水电解生产氢的主要设备。在槽体内充入电解液,在直流电的作用下使水发生分解,在阴极表面产生氢气、阳极表面产生氧气。

3.1.1　水电解槽的基本构造

水电解槽由电极、隔膜、绝缘密封垫和夹紧装置及其他附件组成。电解槽的种类很多,结构和附件各不相同,这里只介绍常见电解槽的结构。

3.1.1.1　电极

1. 电极的类型

目前工业上使用的电解槽具有各种各样的电极结构,其目的都是增大反应面积、降低超电压和电解液的含气度,从而提高水电解槽的效率,降低极间电压,减少电能消耗。

1)平板电极

最早采用的平板电极是由光滑的铁片制成的,由这种电极组成的电解槽其电流

密度只有 $200\sim300$ A/m²，电解反应时电解液里的含气度很大。后经过改进，采用铸铁的电极，在极板的中间铸有垂直的筋条，这样就增大了反应面积，使电流密度提高到了 800 A/m²。这种电极构造简单、造价低，安装也比较容易；缺点是极板笨重，翻砂要求高，在铸铁上镀镍也较困难，能耗高，且容易被腐蚀。

2）多孔电极

多孔电极的双极板是由主极板（又称隔板）和冲有各种孔形的阴、阳副极组合而成的，常见的孔形有圆形和半月形。在副极上冲了小孔，表面上看来似乎减小了电极的面积，但设计适当的孔径与孔距，冲孔因产生了新的侧面，反而比原来增大了工作面积。更为重要的是，运行中在副极上产生的大量气体能穿过这些小孔，进入副极的后面，这样就使阴、阳极之间的电解液含气度大大降低。这不仅能降低电解液的电阻、小室电压，减少能耗，而且还可使阴、阳极之间的距离进一步缩小，提高设备效率。

主、副极之间的固定，有的采用铆钉，也称撑脚。这种撑脚既起到固定主、副极板的作用，又起到导电作用，即运行时电子从这块双极板的阳极侧，全部通过撑脚流到阴极侧。所以在选择撑脚时，要考虑其尺寸和分布，既要有一定的强度、分布均匀，又必须达到其额定电流所规定的横截面积，防止过热的发生。阴极侧的撑脚比阳极侧的长，这就使阴副极与主极板之间的距离，大于阳副极与主极板之间的距离，其原因是阴极侧的产氢体积是阳极侧产氧的两倍。

这种结构的电极板优点是使用寿命长，缺点是制造时冲孔的工作量大，需要两次镀镍，即副极先单体电镀，待铆焊后再整体电镀。副极一旦损坏，不能单独更换。其典型产品有 DY-24 型电解槽、ΦB-500 型电解槽等。

有的电极板其主、副极是用螺杆、螺帽固定的，如 DY-125 型电解槽、SDJ-2500 型电解槽。这就省去了两次镀镍和铆焊工序，副极也可单独更换，但必须保证螺杆、螺帽不被腐蚀。也有采用直接点焊的方法，即将多孔的副极焊在主极板上，如德国的 EV-200 型电解槽，其阳副极采用纯镍薄片，每平方米电极面积有 700 个焊接点。

3）网状电极

直接用金属丝网作为电极的阴、阳副极，经实践证明这是比较理想的方法，因为网状副极既增大了反应面积、降低了含气度，又可进一步缩小极间距离，使电解槽更加紧凑。而且加工制作变得简单，维修也方便。有人曾用不同材料和不同层数的丝网作为阴极进行试验，见表 3-1。

表 3-1　几种不同丝网作阴极的极间电压（密度 1.29 KOH）

		单层镍丝网	双层镍丝网	活化单层镍丝网	活化铁丝网	铁丝网
极间电压/V	1	2.07～2.10	1.80～1.83	1.78～1.82	1.78～1.84	2.00～2.01
	2	2.18～2.19	1.84～1.90	1.86～1.89	1.86～1.89	2.11～2.14

　　阳副极是直接采用镍丝网。为了提高网状电极的表面积，目前比较普遍的工艺是喷涂处理，这样就能得到大 2～3 个数量级的表面积。有研究认为镍钴或镍镧的多价氧化物，可降低 OH^- 的放电反应所需的活化能，其中 $NiCo_2O_4$ 由于其析氧活性高、在碱性介质中耐腐蚀及成本相对较低廉等优点，目前被认为是前景最佳的阳极材料。在显微镜下看，泡沫镍的表面很光滑，如作为电极，其极间电压比较高。

　　网状电极的主极板，有一种形式是冲有许多乳状突出，它是利用模具由大吨位的压力机冲压而成的。相比撑脚电极，加工和安装都很简单，德国鲁奇(Lurgi)公司和我国目前生产单位大多是采用这种形式。运行时，主极板范围内是金属导电，电流分别依靠两侧的乳状突出传进和导出。由于乳状突出的数量有限，且它的截面积不大，所以这种结构电极的电流密度不够大。可采用粗的金属网格来替代乳状突出，这是改进的方向，见图 3-2。这种网格是大电流的通道，它的两侧分别与主极和副极相连，必须有很大的接触面积和导电截面积，以及垂直向上的气液通道。

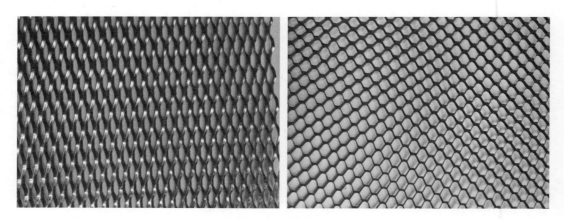

图 3-2　电极的中间网格

2. 电极(框)的镀镍

　　(1) 镀镍前应对极板进行检查，看其是否符合设计要求，不得有毛刺、毛边、压痕和断裂等现象。再用喷砂、化学、电化学和冲洗等方法除去油污和铁锈，使表面符合电镀前的要求。

（2）极板不得采用任何金属作底层。这是因为金属与铁、镍的化学活动性不同，在接触电解液的情况下，它们之间将发生电化学腐蚀，加速对电极的破坏。另外，这种金属本身也可能被电解液腐蚀。

（3）镀镍的电镀液由硫酸镍及其他试剂配成，将被镀的极板作为阴极、金属镍作为阳极，在直流电的作用下，阳极上的金属镍逐渐失去电子变成离子而进入溶液，溶液中的镍离子由于受到阴极的吸引和阳极的排斥而向阴极移动，继而在阴极获得电子，生成单质镍依附在阴极表面，即在极板表面镀上一层镍。在电镀过程中，必须控制适当的温度、pH 值、电流密度、电压和时间等，使镍层能均匀而牢固地依附在被镀的极板上。

（4）镀镍层的技术要求

① 镀层应呈淡灰色的暗镍。

② 镍镀层不得有皱纹、脱皮、鼓泡、明显的毛刺和未镀到的地方。镀完后要严加保护，不得使镍层划伤、碰伤或破坏。对个别部位划伤、碰伤允许进行补镀，但须保证镀层结合牢固和满足孔隙率要求。

③ 主极板阳极面的镀层厚度不小于 100 μm，可用测厚仪在中心部位任测两点。

④ 镀层的结合强度不做极板破坏检查，可用其他镀镍小板件进行弯曲检查，弯曲的半径为四倍厚度。

⑤ 镀镍层要求无孔隙或孔隙极少。孔隙率的检测可用铁氰化钾作蓝点试验，蓝点指标应不超过 100 点/m^2。如孔隙率达到要求，而镀层厚度在低于上述指标 20% 范围内，则仍可认为合格。

⑥ 镀镍后应用碳酸钠进行钝化处理，孔隙率检查必须在钝化处理前进行。

各制造厂所生产的电解槽其结构、产能、材质等有所不同，但对镀镍层的厚度、结合强度及孔隙率的质量要求和检查方法，应符合 GB/T 19774 - 2005 的规定，其检验抽样和抽样方法按 GB/T 2829 - 2002 的规定。

3. 阴极的活化

阴极的活化层，有镍基-金属（二元：如镍与 Mo、Sn、Zn、Co、Cr，三元：如 Ni - Mo - V、Ni - Mo - Cd），镍基-非金属（如 Ni 与 S、P）等。自 20 世纪 60—70 年代就有 Ni - S 组合的专利，用作电解水析氢阴极，就是在阴副极的镍底层上，再镀一层二硫化三镍活化层，其厚度为 20 μm 左右。电镀液由硫酸镍、硫代硫酸钠、氯化铵及其他试剂配成。在电镀过程中必须控制适当的温度、pH 值、电流密度等。此类活化层能降低电耗 10% 左右。也有研究人员做了 Ni - Mo - S 复合金属涂层的研制，当电流密度达到

3 500 A 时,小室电压为 1.93 V。挪威 Hydro 公司 C/Ni - S 电极可承受 4 000 A/m² 电流密度,其小室电压小于 2 V,稳定性大于 3 000 h。美国 Teledyne 公司的 Ni/Ni - S 电极,可承受 4 500 A/m² 的电流密度。

3.1.1.2　隔膜

在电解槽内阴极产生氢气、阳极产生氧气,如果不将它们分隔开来,就会发生氢气、氧气混合,不仅达不到生产目的,而且还会带来严重的危险,这就需要用隔膜将氢气、氧气严格地隔离开来。隔膜质量的好坏,直接关系到氢、氧气的纯度、电耗和设备性能。对隔膜的具体要求是:

(1) 气泡不能通过;

(2) 能被电解液湿润,使溶液中的离子能顺利通过;

(3) 有一定的机械强度;

(4) 在热的电解液中不被碱液腐蚀,化学稳定性强;

(5) 价格便宜、环保,适合工业上使用。

最早人们用镍箔作隔膜,它是采用电镀的方法做成每平方厘米有 800~1 400 个孔。这样的隔膜其机械强度高,但在电化学作用下容易被腐蚀,使用寿命不长,且容易造成短路,两极也不能尽量靠近。

1860 年奥地利有人使用压缩石棉作为隔膜材料,至今已有 160 多年历史。石棉以低廉的价格、良好的耐碱性能,在多个领域得到了广泛的应用。长期以来,国内外都采用石棉布(纸)作为水电解槽的隔膜。但由于石棉资源稀缺,而且它并不是用作隔膜的理想材料,因为在电解运行中经常有纤维脱落,并产生铝硅酸盐胶状沉淀,容易造成气、液道的堵塞。在 80℃的温度下石棉在碱液中的腐蚀很慢,使用期超过 20 年,但随着温度升高,其腐蚀速度增加很快。特别是从 20 世纪 80 年代起,人们发现石棉纤维能侵入人体呼吸道并沉积下来,引发多种疾病,甚至肺癌及弥漫性胸膜间皮瘤,是一种高致癌物,全球有 40 多个国家先后禁止使用石棉材料。1989 年美国环保局颁布政府法规,禁止使用石棉材料及其制品,欧盟从 2005 年开始禁止进口石棉及其制品。我国也提出要在几年内禁用。

非石棉隔膜的研发已有三十多年的历史。在较高温度下电解可采用聚砜、陶瓷、烧结镍多孔金属、多孔聚四氟乙烯及钛酸钾-聚四氟乙烯黏合膜作为隔膜。其中,高分子聚合物聚四氟乙烯因湿润性能不良及其他原因,一直没能推广应用。聚砜类材料因其亲水性能太差,使隔膜的水通量低,抗污染性能不理想,影响其应用范围和使用寿命。据综合试验,最为看好的是聚苯硫醚纤维和其他性能优良的材料。

1. 石棉隔膜

用来作隔膜的石棉布现在已被淘汰。

2. 聚苯硫醚(polyphenylene sulfide)隔膜

1）聚苯硫醚隔膜的性能

聚苯硫醚隔膜是以 PPS 纤维为原料的非织造隔膜布,具有优异的耐化学腐蚀性,良好的机械性、阻燃性和电绝缘性,且在 150℃下可长期使用,其技术指标见表 3-2。

表 3-2　聚苯硫醚隔膜技术指标

项　　目	指　　标	项　　目	指　　标
厚度/mm	0.5	孔隙率/%	59.6
单位面积质量/(g/m²)	277.5	面电阻/(Ω/cm²)	0.188
拉伸强度 MD/MPa	超出仪器测试上限	电阻率/(Ω·cm)	5.07
最大孔径/μm	55.75	碱失量/%	0.36
单位面积含 KOH 溶液的量/(g/m²)	323.0	碱液吸上高度/mm	46
		水接触角/(°)	119.9

2）聚苯硫醚与石棉两种隔膜性能比较

以下分别对用聚苯硫醚和石棉作为隔膜制造的 XM-Φ150 型水电解槽,进行技术数据测试。它们的电解液都为 30% KOH,运行的温度为 80℃,阴、阳极均为未活化的镍电极。

（1）极间电压

在一定的电流强度下,水电解槽的极间电压是一项关键的技术指标,因为它能直接反映出所产氢气的单位能耗。分别使用聚苯硫醚和石棉布两种隔膜,在不同电流密度下测试的极间电压,见图 3-3。

通过实验测试,在相同的条件下采用新材料聚苯硫醚隔膜的电解槽,要比传统的石棉隔膜槽能降低极间电压 0.1 V。据

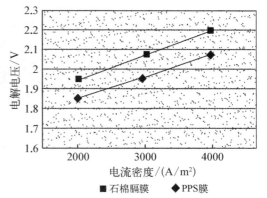

图 3-3　石棉隔膜和 PPS 膜的电解运行数据

某单位的试验,采用 PPS 隔膜比采用石棉隔膜能降低极间电压 0.15～0.20 V,而且电流密度越大,所降低的电压越明显。

（2）气体纯度

浸在碱液中的隔膜,其透气性能直接关系到电解产生的氢、氧气纯度。在碱性水电解中,氢气的气泡有 80% 小于 5.8 μm,氧气的气泡有 60% 在 30～40 μm,且氢气分子直径小,其产量是氧气的两倍。另外,在系统中有寄生电解发生,在电位低的一端一定产生氢气,另一端或发生金属电化腐蚀,或产生氧气。这些杂气随着碱液循环最终进入各电解小室,因此,氢气的纯度就会高于氧气纯度。表 3-3 列出了采用聚苯硫醚和石棉两种不同隔膜组装的电解槽所产生的氢气、氧气纯度。

表 3-3　两种不同隔膜组装的电解槽所产生的气体纯度

电流密度 /(A/m²)	PPS 膜		石棉隔膜	
	氢气纯度/%	氧气纯度/%	氢气纯度/%	氧气纯度%
2 000	99.73	99.31	99.79	99.18
3 000	99.75	99.26	99.81	99.24
4 000	99.78	99.32	99.80	99.26

选用 0.5 mm 厚非织造聚苯硫醚隔膜与传统的石棉隔膜分别制作的电解槽,经试验表明,所产生的氢气、氧气纯度相当。

3. 无石棉隔膜

经过长期努力、反复试验,我国终于实现了历史性的突破,研制成功全新的无石棉隔膜,而且已经在水电解槽正常使用十年了(图 3-4)。从总体上讲,在源头上消除石棉对行业人员的危害,实现了国家的环保目标,并且使制氢设备更加顺利地出口外销。从技术上看:

图 3-4　无石棉隔膜

① 无石棉隔膜的电阻明显低于石棉隔膜。

② 无石棉隔膜的厚度比原先的石棉隔膜薄得多,而且目前的产品还有

较大余量。这样阴、阳极之间的距离可以进一步缩小,也就是减小了碱液导电的距离。

③ 极框和小室的厚度可以进一步缩小,同样体积的水电解槽能产生更多的氢气。

④ 由于无石棉隔膜具有优异的耐化学腐蚀性和良好的机械性能,而且它可以在150℃下长期工作,这就为较大幅度提高水电解制氢的运行温度创造了条件。与此同时,根据确定的新的运行温度,再相应地提高电解液浓度,这样可再一次降低极间电压。

⑤ 由于无石棉隔膜的纤维很少脱落,也不会像石棉布那样不断产生胶状物质,可减少对碱液过滤器和系统的清洗,避免由此产生的故障。

⑥ 用户可以大幅度减少冷却水量。

其中①、②和④这 3 项都能减少电化学反应的电阻。根据经验,温度每升高 1℃,平均可减小电压 0.25%。这意味着能较大幅度降低极间电压,也就是能降低水电解制氢的单位能耗,进而提高电极的电流密度,增加电解槽的产能。

3.1.1.3　框架

电解过程中,阴、阳电极产生的氢气、氧气由隔膜隔离,而每个小室之间由主极板分隔,所以主极板又称隔板。小室的四周则由金属(也有用工程塑料)包容。以前的做法是将隔膜布铆在框架内,所以称隔膜框架。现在的新颖结构是将主极板焊在框架里,成板框结合型,见图 3-5。不管是隔膜框还是板框,电解小室已变得越来越薄,一般在 8～15 mm。圆形框架的制作,一般采取在厚钢板上套割直径不同的圈,以及割圆弧拼接的方法。框架的两侧都加工了密封线,使电解液能密闭在槽体内。两侧的上部各有氢气、氧气的出气孔,下部有电解液的进口。

图 3-5　电极板框结构(板框结合型)

极板框架是水电解槽的关键部件,是将主极板焊接在框架内,其焊缝必须保证致密。由于现代水电解槽的板和框都很薄,且精度要求高、槽体运行的压力高,因此,设法减小板框焊接的热变形至关重要。加工工艺一般采用电弧热量高、弧柱集中、热影响区较小的钨极氩弧焊方法,用两支焊枪同时进行,并对被焊件施以水冷紫铜垫加速

图 3-6　极框的焊接

冷却(图 3-6),也有直接从国外进口氩弧焊机。焊接完成后,最后进行机械精加工。

采用板框形式简化了槽体结构,减少了零、部件的数量和加工量,并减少了槽体的 50% 泄漏面,增强了槽体的密封性能。

3.1.1.4　绝缘密封材料及夹紧装置

电解槽的绝缘分为两个方面,一是槽体对地的绝缘,二是系统内部的绝缘。如果槽体对地的绝缘不良,那对整流设备的安全威胁极大。对地的绝缘电阻值,可按每伏需 $1\,000\,\Omega$ 计算。系统内部的绝缘,包括极框之间及附属设备、管线的绝缘,关系到电流效率和安全运行,若绝缘不好就会出现漏电,使这部分电流不仅不能有效产生气体,而且会产生寄生电解或短路,最后导致气体纯度的下降和设备的腐蚀。

支撑整个槽体的绝缘物,一般用瓷制的绝缘座子或电工绝缘板。极框之间的绝缘密封材料,以前是采用石棉橡胶板,后来采用"布垫合一"结构,现在一般采用整体加工的改性聚四氟乙烯垫片。

(1)"布垫合一"。所谓"布垫合一",就是把隔膜布与垫片合二为一,即在隔膜布的四周,热塑、加压上一层垫料,使垫圈以内的隔膜布起到分隔氢气、氧气的作用,而四周的垫料起板框与板框之间的绝缘密封作用,见图 3-7。据资料介绍,垫料的成分是有机氟塑料(如全氟乙丙烯共聚物、聚四氟乙烯、四氟乙烯与乙烯共聚物,以及可溶性聚四氟乙烯等),再加一定量的改性添加剂,使其均匀地铺在隔膜布料腔,在压模里加热塑化、冷却定型、脱模而成。

图 3-7　布垫合一

它的耐温、耐压和绝缘性能均有令人满意的效果。其缺点是加工困难,解体后需要整体更换,所以大修费用高。

(2)改性氟塑料垫。氟塑料具有优良的密封性能,而且耐碱、耐温($<250℃$),其优良的绝缘性能是其他材料无法比拟的。另外,氟塑料的不粘性尤其受到推崇,这为电解槽的装、拆及垫片的重复使用,带来了极大的方便和经济效益。作为垫片,在纯

聚四氟成型过程中可加入若干填充料及添加剂,如玻璃纤维、碳纤维、石墨粉、青铜粉等,以提高成品的强度和弹性,同时又可大幅降低其成本。

（3）夹紧装置。电解小室的集合体经夹紧后便成槽体。夹紧装置由两头的端板、大螺杆、螺帽、弹簧盘及绝缘套等组成。运行时由于热胀冷缩使槽体的尺寸时有变化,这就要依靠弹簧盘的作用力,使槽体始终保持在压紧状态。蝶形弹簧的制造要求应符合 GB/T 1972-2005 的规定。弹簧盘作用力的大小,可根据盘间的间隙及弹簧盘的试验变形曲线图来确定。

3.1.1.5　其他附属设施

1. 气道和液道

电解槽在运行中其电解液是循环的,而且纯水被连续地消耗掉,所以必须不断地向每个小室送入电解液。与此同时,气体在源源不断地产生,也必须把夹带着电解液的氢气、氧气分别不断地送出,于是就有了液道和气道。把电解槽的气、液道置于槽体内部的框架里,这就是内气、液道。目前普遍使用的压力型电解槽就是这种结构。这种把气、液道从槽体外移到槽体内的结构,较好地解决了外气、液道因热胀冷缩容易产生对外渗漏的难题。但内漏会造成气体纯度下降,这就要解决好垫片的质量、电解系统的电化腐蚀和日常的运行控制,否则,就需要解体大修。

2. 气液分离器

分别经气道出来的氢气、氧气伴随着大量的碱液,气液分离器的作用就是把气体和碱液分离开。分离出来的电解液经过冷却、过滤和加压后重新回到电解小室;氢气、氧气则分别进入洗涤、冷却和压力调节后外送。分离器一般为圆筒形,氢气、氧气各一个。两个分离器的底部之间有连通管,当氢气、氧气两侧的气体压力发生变化时,依靠碱液的流通,能自动调节两侧压力。有的分离器内部设有冷却水管,也起到冷却电解液的作用,如鲁奇电解槽。

目前普遍使用的压力电解槽,其分离器和其他器件都配置在附属框架里。分离器与气体洗涤、冷却连在一起,称为综合塔。这是当时根据潜艇运行特点设计的,见图 3-8。经气液分离后,气体先通过筛板和 100 目丝网被补充的纯水洗涤,再经水冷却器。所补充的纯水由丝网下落,与上升的气流逆向而行,部分纯水经中间的溢流管下落至分离器的底部。这样既清洁了气体、回收了碱液,又提高了纯水的温度。气体的温度要从 90℃冷却到 35℃,而且在冷却过程中有水汽、碱雾不断地被液化。为了确保冷却效果,也有采用卧式冷却器。

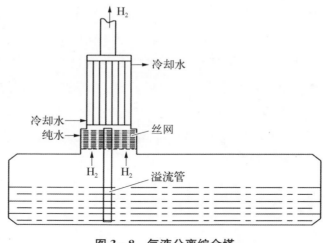

图 3-8 气液分离综合塔

3. 过滤器

为了清除电解液内的机械杂质和胶状沉淀(如铁类物质、镍皮、纤维、残渣等)对电解过程的影响,防止气、液通道的堵塞及避免发生槽体内的短路与断路,电解系统必须设置碱液过滤器。过滤器的大小、内部过滤层数及所处位置,都由具体情况决定。过滤器的内部包有过滤网,过滤网一般采用 60～80 目的镍丝网。在运行中必须定期拆卸清洗滤网,保持电解液的清洁,否则杂质在滤网上积聚过多,会影响碱液的循环量,甚至出现更严重的后果。

3.1.2 水电解槽的分类

按电极的性质,水电解槽可分为单极性水电解槽和双极性水电解槽两大类。

(1)单极性水电解槽。单极性水电解槽几乎都是箱式的,箱内装有相当数量的阴极和阳极,分别与电源的负极和正极并联。这种连接方式的总电压等于一对极间的电压,总电流等于成对电极的电流总和。槽内的隔膜,一般做成口袋形状,套在阴极或阳极上。这种电解槽设备大、效率低,极间电压一般高达 2.6 V,而且导线接点多,电能损失也大。

(2)双极性水电解槽。双极性水电解槽多为压滤式,两端各有一个阴极和阳极,中间由若干双极性电极和隔膜交替串联而成。所谓双极性电极,是在电解过程中,电极的一个侧面作为阳极产生氧气,另一个侧面作为阴极产生氢气,一块极板具有两种极性。隔膜把两个相邻的电极所产生的氢气、氧气隔离开,这两个电极和隔膜便构成电解小室。电解槽的一端接电源的正极,另一端接负极,通过整个槽体的电流大小对每一个电解小室都是相同的(有微量电流漏损),总电压为所有电解小室的电压之和。这种电解槽结构紧凑、效率高、工作可靠、调整维护方便,且电能损失小,在国内外已得到广泛使用。

3.1.3　水电解槽的技术性能

1. 产品命名

根据 GB/T 37562－2019《压力型水电解制氢系统技术条件》规定,水电解制氢系统的产品命名应由大写的汉语拼音和阿拉伯数字组成,编制方法应符合下列规定:

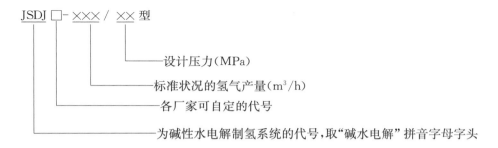

2. 工作压力

水电解制氢系统的工作压力(p)分为常压、低压和中压三类,其压力范围规定为

$$常压水电解制氢系统 \qquad p<0.1 \text{ MPa}$$

$$低压水电解制氢系统 \qquad 0.1 \text{ MPa} \leqslant p<1.6 \text{ MPa}$$

$$中压水电解制氢系统 \qquad 1.6 \text{ MPa} \leqslant p<10 \text{ MPa}$$

压力型水电解槽与常压型水电解槽的综合比较,见表 3－4。

表 3－4　压力型水电解槽与常压型水电解槽的综合比较

比较项目	压力型水电解槽	常压型水电解槽
制氢电耗比	1	1.05～1.1
KOH 带出量	小	大
氢气罐钢材消耗	小	大
氢气输送	不需加压	需加压
氢气纯化	体积小,负荷小	体积大,负荷大

比较项目	压力型水电解槽	常压型水电解槽
氧气利用	可直接利用	需加压
占地面积	小	大
管　理	严格	一般

3. 气体纯度

水电解制氢系统产品,按纯度分为普通型水电解制氢系统和纯气型水电解制氢系统,它们的纯度范围规定如下。

(1) 普通型水电解制氢系统:

$$产品氢气纯度 \geqslant 99.7\%$$

$$产品氧气纯度 \geqslant 99.2\%$$

(2) 纯气型水电解制氢系统:

$$产品氢气纯度 \geqslant 99.99\%$$

$$产品氧气纯度 \geqslant 99.99\%$$

对于纯气型水电解制氢系统制取的纯氢或纯氧中的杂质,其含量可根据用户要求确定。

4. 直流单耗

水电解制氢系统的电能消耗,主要是水电解槽的直流电能消耗,以标准状况下单位氢气产量的直流电能消耗评定设备品质,见表 3-5。

表 3-5　设备品质等级与单位氢气直流电能消耗

等　级	单位氢气电能消耗 /(kW·h/m³)	等　级	单位氢气电能消耗 /(kW·h/m³)
优良	≤4.4	二级(A)	≤4.8
一级	≤4.6	二级(B)	≤5.0

3.1.4　水电解槽历史

本节介绍自 20 世纪 50 年代以来有代表性的水电解槽,便于大家回顾、借鉴和创新。其中常压型电解槽已被淘汰。

1. DY-24 型电解槽

DY-24 型电解槽是几十年来在国内使用量最多的电解槽,其具圆形电极,主极板尺寸为 $\Phi870\times3$,副极板尺寸为 $\Phi700\times2$,副极上冲有 6 038 个小孔,由 31 个撑脚固定主副极,槽体共有 100 个电解小室,外气、液道。设计电流为 610 A,电压为230 V,电流密度为 1 600 A/m^2。氢气、氧气的气液分离器分别直立在槽体旁,内有冷却水管,上方安装洗涤器。按压力等级分为常压和低压(<1.2 MPa)两种,低压型电解槽配有压力调整器。

2. ΦB80~500 型电解槽

ΦB80~500 型电解槽系列产品于 20 世纪 50 年代被引进我国,有 ΦB-80 型水电解槽三台,后由哈机联生产 ΦB-250~500 型,在有色工业钨、钼行业中使用。ΦB-500型电解槽有 160 个电解小室,槽体长 12 m,宽 2.6 m,高 5 m,槽体中间是碱液冷却室,下面是卧式过滤器,气液分离、气体洗涤和冷却均安装在槽体上,这是当时国内最大的水电解槽。由于槽体上部设施安装和维修困难,后来把气道圈改成气道筒,也起到分离器作用。其主极板尺寸为 2 300 mm×1 650 mm×5 mm,副极板尺寸为 2 084 mm×1 434 mm×3 mm,副极上有 37 962 个小孔,主、副极之间由 173 个撑脚固定,经两次镀镍的极板使用寿命较长。槽体的一端为正极,另一端为负极,中间的电压为零。其设计额定电流为 7 500 A,电流密度为 2 500 A/m^2。但在此状况下运行时,其极间电压过高、响声过大,所以实际运行的电流强度应控制在 6 500 A 以内。

3. DY-125 型电解槽

DY-125 型电解槽槽体外形尺寸为 4 600 mm×4 000 mm×4 000 mm,共有 50个电解小室。设计额定电流为 6 000 A,电压为 103 V,电流密度为 1700 A/m^2。电解槽极板用螺杆把副极固定在主极板上,每侧各有 6 块副极板,每块副极冲有 20×5 mm条形孔 1 932 个。每个电解小室所产生的气体各由支气管送入安装在槽体上的气液分离器。气体经分离和初步冷却后进入三级洗涤塔洗涤,并再次冷却。分离后的碱液经过滤器,由循环泵强制送回各电解小室。液道环是单独紧固的。

4. SDJ-2500-50 型电解槽

SDJ-2500-50 型号电解槽是我国在 20 世纪 70 年代末自行设计制造的,槽体尺寸为 3 654 mm×2 086 mm×3 480 mm,额定电流为 2 500 A,电压为 105 V,电流密度为 2 000 A/m^2。其电极由主极板和冲有月牙形孔的副极组成,其中阳极镀镍,阴极经二硫化三镍活化处理。隔膜框的厚度缩减至 35 mm,共有 50 个电解小室,各小室产生的气体分别由不锈钢支气管(再加一段聚四氟乙烯绝缘管)导入氢氧分离器,再分别进入二级洗涤器。槽体进电解液采用双液道,使用氯化聚醚整管制作。

5. EV 型电解槽

EV 型电解槽是德国 Demag(德马格)公司生产的常压型电解槽。槽体的副极是带半月形孔的薄板,与主极板之间用螺杆固定;阴极表面镀二硫化三镍活化层,阳极为纯镍薄板。石棉隔膜布的四周被加温过热压入橡胶,起绝缘和密封作用。框架由两薄框组成,分别位于石棉隔膜的两侧。电解小室的宽度为 30 mm,主极板和框架上、下两边各有排列整齐的 24 个孔,便构成多个内气、液道。分离器和均压罐都组装在槽体上,均压罐既起到洗涤气体的作用,又能够调节氢、氧两侧气体的压力,当气体压力超过一定值时,气体会自动放空。设计电流密度为 2 000 A/m²。

6. DY - 65 型电解槽

DY - 65 型电解槽是我国自行设计的首台压力型电解槽,在当时既解决了氢源的问题,又替代了进口压缩机。它在很多方面有重大的改进:采用板框合一结构,隔膜布镶嵌式固定,用聚四氟乙烯垫片替代石棉橡胶板,采用内气、液道等。这为防止槽体泄漏、提高运行压力开辟了一条新路。其气液分离器安装在槽体上,其他辅机为集装式,氢气、氧气压力采用浮子式压力调整器调节,电解液为强制循环。槽体外形尺寸为 4 391 mm×1 510 mm×1 540 mm,由 106 个电解小室组成。设计额定电流为 1 500 A,电压为 212 V,工作压力为 0.8~1.6 MPa。

7. 艾伯纳(Ebner)型电解槽

艾伯纳型电解槽是奥地利 Linz(林茨)公司生产的常压型电解槽。各电解小室产生的氢、氧气,分别由塑料导管从上部进入各自的气液分离器;分离出的气体分别再经顶部的冷却器外送,碱液及补充水经双过滤器从两侧回流到各电解小室。槽内液位高度由安装于一侧的玻璃管显示,显示仪表安装在一端。

8. 海德鲁(Hydro)型电解槽

海德鲁型电解槽是挪威海德鲁公司生产的常压型电解槽。槽体由撑脚电极和隔膜框组成,阴极经活化处理,内气、液道。氢气纯度为 99.9%,氧气纯度为 99.5%;气体压力为 1~3 kPa,单位能耗为(4.1±0.1) kW·h/m³ H₂(4 000 A 时)。辅助设备位于主机的端头,它们一起被固定在活动底架上。其系列制氢设备的产量为 100~400 m³ H₂/h。

9. 鲁奇(Lurgi)系列电解槽

德国鲁奇公司的制氢设备是最早商业化的压力型水电解槽。电解槽的产量随小室数量和供电方式而改变,其系列产量为 110~750 m³/h,见表 3 - 6。槽体为圆形,电极采用板框合一形式,阴极是经镀镍和活化处理的钢丝网,阳极是镀镍的钢丝网。

石棉隔膜的周边两侧都热压上聚四氟乙烯材料,这样既起到隔离氢气、氧气的作用,其四周又起到绝缘和密封的作用。电解小室产生的氢气、氧气伴随电解液分别进入安装在槽体上方氢气、氧气的气液分离器,气体经捕滴器外送。电解液在分离器内经水冷后由循环泵加压,经过滤器、液道,进入电解小室的阴极侧,其中部分碱液再经主极板下侧的小孔进入阳极侧。

表 3-6　小室组供电方式

氢气产量/(m³/h)	电解小室数/个	电流/A	电压/V	小室组供电方式
110～190	81～139	3 300	158～270	
191～375	140～278	3 300	273～540	
376～750	280～556	6 600	273～540	

电解槽的运行压力为 30 bar,其主要目的是最大限度降低氢气的单位能耗,并使气体的使用和压缩变得简单,只要单缸压缩就能达到 200 bar 充瓶,缩小气体通道的体积(仅常压的 1/5)。氢气的实际单位能耗在 4.3～4.6 kW·h/m³,见图 3-9;氢气纯度为 99.9%,氧气纯度为 99.4%。

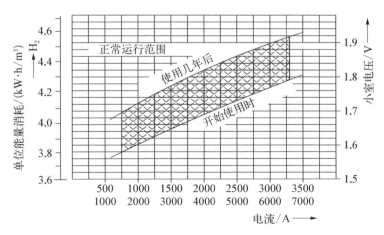

图 3-9　电解槽运行特性曲线

10. 特利台(Teledyne)HMXT、EL 制氢装置

美国特利台公司生产的 HMXT、EL 系列制氢装置,是集制氢和纯化于一体的装置,见表 3-7、表 3-8。电极板的框用工程塑料聚砜制作,隔膜厚 0.7 mm。电解在压力下进行,氢侧压力为 0.7 MPa,氧侧压力为 0.63 MPa,氢侧压力高于氧侧压力,电解液只在阳极侧循环流动,电流密度为 4 500 A/m²。所产生的氢气在压力下纯化。

表 3-7 HMXT 系列高纯制氢装置

项　　目	HMXT-50	HMXT-100	HMXT-200
最大流量/(m³/h)	2.8	5.6	11.2
外送压力/MPa		0.7	
单位能耗/(kW·h/m³)	6.1	5.7	5.3
直流电流/A		300	
直流电压/V	75	150	275

表 3-8 EL 系列高纯制氢装置

项　　目	EL-500 型	EL-600 型	EL-750 型
氢气产量/(m³/h)	28	33.6	42
氢气压力/MPa		0.42～0.91	
氢气纯度/%		≥99.999 8	
氧气纯度/%		≥99.999 3	
单位能耗/(kW·h/m³)		6.4	
电流/A	500	600	800
容量/kVA	200	250	310

3.1.5　目前国产水电解槽

经过半个多世纪的不断发展,目前国产水电解槽已提高到新水平。一般都为压

力型水电解槽,槽体采用板框合一结构,内置隔膜,内气、液道和氟塑料垫片;单台产量最大已达到 2000 m³/h;氢气纯度≥99.8%,氧气纯度≥99.2%,运行压力:小型电解槽为 3.0~5.0 MPa,大型电解槽小于 1.6 MPa。系统采用可编程序控制器(PLC)和触摸屏,以及智能数字调节仪(PID)对系统压力、氢/氧压差、分离器液位补水、槽温等进行控制。下面分别介绍具代表性的几种。

1. DQ-4~10/1~5 系列电解槽

此型号电解槽见图 3-10、图 3-11 和表 3-9。其结构特点为辅机安装在槽体上;气、液道设计宽敞,采用自然循环,不需要屏蔽泵;系统没有腐蚀现象,长期使用不渗漏;大修可以在现场进行,不须运回制造厂。

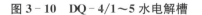

图 3-10　DQ-4/1~5 水电解槽　　　　图 3-11　DQ-10/1~5 水电解槽

表 3-9　DQ-4~10/1~5 系列水电解制氢装置主要技术参数

项 目		指 标		
		DQ-4/1~5	DQ-6/1	DQ-10/1~5
气体产量/(m³/h)	H_2	4	6	10
	O_2	2	3	5

续　表

项　目		指　标		
		DQ-4/1～5	DQ-6/1	DQ-10/1～5
气体纯度/%	H_2	≥99.8	≥99.8	≥99.8
	O_2	≥99.3	≥99.3	≥99.3
工作压力/MPa		1.0～5.0	1.0～5.0	1.0～5.0
工作温度/℃		80～85	80～85	80～85
直流电流/A		330	500	500
直流电压/V		66	67	100
单位电耗/(kW·h/m³H_2)		4.7～5.0		
碱液浓度/%		30% KOH		
质量/kg		1 128	1 368	1 960
外形尺寸(L mm×W mm×H mm)		1 550×1 150×1 800	1 876×1 264×2 165	2 330×1 390×2 210
控制方式		PC(微机)、PLC(可编程序控制器)、PID(智能数字调节仪)		
在线分析仪表（选装）	氢气纯度	原装进口氢中微量氧分析仪		
	氢气露点	原装进口氢气露点仪(免维护型)		

2. ZDQ-5～12/1.5～3.2、ZDQ-16～1000/1.5 系列电解槽

这是由不同直径的极框和电解小室数(28～428 个)构成的系列产品,见表 3-10 和图 3-12～图 3-15。

表 3-10　ZDQ 型水电解制氢装置技术参数

型　号	$H_2(O_2)$产量/(m³/h)	$H_2(O_2)$纯度/(≥V/V%)	工作压力/MPa	直流电流/(≤A)	直流电压/(≤V)	电解小室数/个	直流电耗/(≤kW·h/m³H_2)
ZDQ-5	5(2.5)	99.8(99.2)	1.5～3.2	410	58	28	4.6
ZDQ-6	6(3)	99.8(99.2)	1.5～3.2	410	74	36	4.6

型　号	$H_2(O_2)$产量/(m^3/h)	$H_2(O_2)$纯度/($\geqslant$V/V%)	工作压力/MPa	直流电流/($\leqslant$A)	直流电压/($\leqslant$V)	电解小室数/个	直流电耗/($\leqslant$kW·h/$m^3$$H_2$)
ZDQ-8	8(4)	99.8(99.2)	1.5~3.2	410	90	44	4.6
ZDQ-10	10(5)	99.8(99.2)	1.5~3.2	410	114	56	4.6
ZDQ-12	12(6)	99.8(99.2)	1.5~3.2	410	138	68	4.6
CNDQ-5	5(2.5)	99.8(99.2)	1.5	820	30	28	4.6
CNDQ-10	10(5)	99.8(99.2)	1.5	820	58	56	4.6
ZDQ-16	16(8)	99.8(99.2)	1.5	820	90	44	4.6
ZDQ-20	20(10)	99.8(99.2)	1.5	820	114	56	4.6
ZDQ-24	24(12)	99.8(99.2)	1.5	820	139	68	4.6
ZDQ-30	30(15)	99.8(99.2)	1.5	820	172	84	4.6
ZDQ-40	40(20)	99.8(99.2)	1.5	1 620	114	56	4.6
ZDQ-50	50(25)	99.8(99.2)	1.5	1 620	146	72	4.6
ZDQ-60	60(30)	99.8(99.2)	1.5	1 620	170	84	4.6
ZDQ-65	65(32.5)	99.8(99.2)	1.5	1 620	186	92	4.6
ZDQ-80	80(40)	99.8(99.2)	1.5	4 560	82	80	4.6
ZDQ-100	100(50)	99.8(99.2)	1.5	4 560	102	100	4.6
ZDQ-125	125(62.5)	99.8(99.2)	1.5	4 560	126	124	4.6
ZDQ-150	150(75)	99.8(99.2)	1.5	4 560	150	148	4.6
ZDQ-175	175(87.5)	99.8(99.2)	1.5	6 360	126	124	4.6
ZDQ-200	200(100)	99.8(99.2)	1.5	6 360	146	144	4.6
ZDQ-225	225(112.5)	99.8(99.2)	1.5	6 360	162	160	4.6
ZDQ-250	250(125)	99.8(99.2)	1.5	6 360	182	180	4.6
ZDQ-275	275(137.5)	99.8(99.2)	1.5	6 360	198	196	4.6

续　表

型　号	H₂(O₂) 产量 /(m³/h)	H₂(O₂) 纯度 /(≥V/V%)	工作 压力 /MPa	直流 电流 /(≤A)	直流 电压 /(≤V)	电解 小室 数/个	直流电耗 /(≤kW· h/m³H₂)
ZDQ－300	300(150)	99.8(99.2)	1.5	6 360	218	216	4.6
ZDQ－325	325(162.5)	99.8(99.2)	1.5	6 360	234	232	4.6
ZDQ－350	350(175)	99.8(99.2)	1.5	6 360	250	248	4.6
ZDQ－400	400(200)	99.8(99.2)	1.5	10 500	174	172	4.6
ZDQ－450	450(225)	99.8(99.2)	1.5	10 500	198	196	4.6
ZDQ－470	470(235)	99.8(99.2)	1.5	10 500	204	204	4.6
ZDQ－500	500(250)	99.8(99.2)	1.5	10 500	218	216	4.6
ZDQ－550	550(275)	99.8(99.2)	1.5	10 500	238	236	4.6
ZDQ－600	600(300)	99.8(99.2)	1.5	10 500	262	260	4.6
CDQ－700	700(350)	99.8(99.2)	1.5	5 250	302	300	4.6
CDQ－800	800(400)	99.8(99.2)	1.5	5 300	342	340	4.6
CDQ－900	900(450)	99.8(99.2)	1.5	5 300	386	384	4.6
CDQ－1000	1 000(500)	99.8(99.2)	1.5	5 300	430	428	4.6

图 3－12　水电解制氢与干燥一体化装置

图 3－13　ZDQ－300 m³/h 电解槽

图 3 - 14　**ZDQ 电解槽**

图 3 - 15　**ZDQ 型槽电解槽**

3. DQ - 2.5～30/3.2、DQ - 40～1500/1.6 系列电解槽

这是由不同直径(Φ664～2 040 mm)的极框和电解小室数构成的系列产品,见表 3 - 11 和图 3 - 16～图 3 - 19。

表 3-11 DQ 型水电解制氢设备主要技术指标

制氢装置型号	技 术 指 标					
	氢气产量 /(m³/h)	氧气产量 /(m³/h)	操作压力 /MPa	氢气纯度 /%	氧气纯度 /%	直流电耗 /(kW·h/m³H₂)
DQ-2.5/3.2	2.5	1.25	3.2	≥99.8	≥99.3	≤5
DQ-5/3.2	5	2.5	3.2	≥99.8	≥99.3	≤4.9
DQ-10/3.2	10	5	3.2	≥99.8	≥99.3	≤4.9
DQ-20/3.2	20	10	3.2	≥99.8	≥99.3	≤4.8
DQ-30/3.2	30	15	3.2	≥99.8	≥99.3	≤4.8
DQ-40/1.6	40	20	1.6	≥99.8	≥99.3	≤4.7
DQ-50/1.6	50	25	1.6	≥99.8	≥99.3	≤4.7
DQ-60/1.6	60	30	1.6	≥99.8	≥99.3	≤4.7
DQ-80/1.6	80	40	1.6	≥99.8	≥99.3	≤4.6
DQ-100/1.6	100	50	1.6	≥99.8	≥99.3	≤4.6
DQ-150/1.6	150	75	1.6	≥99.8	≥99.3	≤4.6
DQ-175/1.6	175	87.5	1.6	≥99.8	≥99.3	≤4.5
DQ-200/1.6	200	100	1.6	≥99.8	≥99.3	≤4.5
DQ-250/1.6	250	125	1.6	≥99.8	≥99.3	≤4.5
DQ-300/1.6	300	150	1.6	≥99.8	≥99.3	≤4.4
DQ-350/1.6	350	175	1.6	≥99.8	≥99.3	≤4.4
DQ-375/1.6	375	187.5	1.6	≥99.8	≥99.3	≤4.4
DQ-500/1.6	500	250	1.6	≥99.8	≥99.3	≤4.4
DQ-800/1.6	800	400	1.6	≥99.8	≥99.3	≤4.4
DQ-1000/1.6	1 000	500	1.6	≥99.8	≥99.3	≤4.4
DQ-1200/1.6	1 200	600	1.6	≥99.8	≥99.3	≤4.3
DQ-1500/1.6	1 500	750	1.6	≥99.8	≥99.3	≤4.3

图 3‑16　压力水电解制氢装置基本配置

图 3‑17　DQ 型水电解槽

图 3‑18　DQ‑80～500 m³/h 系列电解槽

图 3‑19　DQ‑1 000 m³/h 电解槽

4. FDQ‑5～40/5.0、FDQ‑100～200/3.0、FDQ‑400～1000/1.6 系列电解槽

这是由不同直径的极框和电解小室数构成的系列产品,见表 3‑12 和图 3‑20～图 3‑21。

表 3-12 　FDQ 型水电解制氢装置性能及参数表

型　号	性　能　指　标					
	氢气(氧气)产量/(m³/h)	氢气(氧气)纯度/(V/V%)	操作压力/MPa	工作电流/A	电解小室数/个	直流电耗/(≤kW·h/m³H₂)
FDQ-2/5.0	2(1)	99.9(99.5)	5.0	550	18	4.9
FDQ-5/5.0	5(2.5)	99.9(99.5)	5.0	550	42	4.9
FDQ-6/5.0	6(3)	99.9(99.5)	5.0	550	50	4.9
FDQ-8/5.0	8(4)	99.9(99.5)	5.0	920	38	4.8
FDQ-10/5.0	10(5)	99.9(99.5)	5.0	920	50	4.8
FDQ-15/5.0	15(7.5)	99.9(99.5)	5.0	920	74	4.9
FDQ-20/5.0	20(10)	99.9(99.5)	5.0	1 670	54	4.7
FDQ-24/5.0	24(12)	99.9(99.5)	5.0	1 670	66	4.7
FDQ-30/5.0	30(15)	99.9(99.5)	5.0	1 670	82	4.7
FDQ-40/5.0	40(20)	99.9(99.5)	5.0	2 480	74	4.6
FDQ-50/5.0	50(25)	99.9(99.5)	5.0	2 480	94	4.6
FDQ-60/5.0	60(30)	99.9(99.5)	5.0	2 480	110	4.6
FDQ-80/3.0	80(40)	99.9(99.5)	3.0	4 600	78	4.5
FDQ-100/3.0	100(50)	99.9(99.5)	3.0	4 600	98	4.5
FDQ-125/3.0	125(62.5)	99.9(99.5)	3.0	4 600	122	4.5
FDQ-150/3.0	150(75)	99.9(99.5)	3.0	6 600	102	4.4
FDQ-175/3.0	175(87.5)	99.9(99.5)	3.0	6 600	122	4.4
FDQ-200/3.0	200(100)	99.9(99.5)	3.0	6 600	138	4.4
FDQ-250/3.0	250(125)	99.9(99.5)	3.0	6 600	170	4.4
FDQ-300/3.0	300(150)	99.9(99.5)	3.0	6 600	206	4.4
FDQ-350/3.0	350(175)	99.9(99.5)	3.0	6 600	242	4.4

续　表

型　号	性　能　指　标					
	氢气(氧气)产量/(m³/h)	氢气(氧气)纯度/(V/V%)	操作压力/MPa	工作电流/A	电解小室数/个	直流电耗/(≤kW·h/m³H₂)
FDQ-400/1.6	400(200)	99.9(99.5)	1.6	9 000	202	4.4
FDQ-500/1.6	500(250)	99.9(99.5)	1.6	9 000	250	4.4
FDQ-600/1.6	600(300)	99.9(99.5)	1.6	9 000	302	4.4
FDQ-1000/1.6	1 000(500)	99.9(99.5)	3.0	—	—	4.4

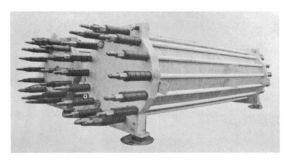

图 3-20　FDQ 型水电解槽

图 3-21　FDQ 型电解槽运行现场

5. SAK800-50～200/1.6、SAK1600-300～800/1.6 系列电解槽

SAK 系列智能安全网联工业型碱性电解槽,采用全新的结构优化设计和复合改性 PTFE 密封圈,具有最佳长径比,密封性能好,运输安装便捷;采用高电流密度设计、高温喷涂催化剂电极,析氢效率高,制氢系统应用数字孪生控制策略,分离器液位高精

图 3-22　SAK 型电解槽

度自动控制,可实现同源平衡,避免运行压力失稳,可实现远程监控和故障诊断,提高系统运行安全性;产品可预制和集成各种运行模式,匹配不同应用场景,具有高集成度、低能耗、长寿命、高可靠性、智能化、操作友好和强适应性等特点。其装置性能及参数见表 3-13 和图 3-22。

表 3-13　SAK 型水电解制氢装置性能及参数表

型　　号	性　能　指　标					
	氢气产量 /(m³/h)	氧气产量 /(m³/h)	氢气纯度 /(V/V%)	工作压力 /MPa	工作温度 /t	直流电耗 /(≤kW·h/m³H₂)
SAK1600-500/1.6	500	250	99.999	1.6	90±5	4.2
SAK1600-1000/1.6	1000	500	99.999	1.6	90±5	4.2

3.2　气体储存设备

由于用户对氢气的需要量是变化的,而气体的产量又受到设备生产能力的限制,有时还要根据电力供应情况调整负荷,为了满足用户的需要,即使在制氢系统发生故障的情况下还能短时间继续供应氢气,确保安全生产,这就需要用大的容器来储存、调节气量,储量一般按 2~5 倍的生产能力考虑。气体的贮存设备有常压型设备和压力型设备两类。

3.2.1　湿式储气柜

常压型有采用简易的储气囊,其压力约为 500 Pa;湿式储气柜的工作压力一般为 4 kPa。现在制氢行业已很少使用。

1. 湿式储气柜简介

湿式储气柜主要由钟罩和水槽组成,钟罩的开口边缘浸入水中形成密封,随着气量的多少而升降。电解槽生产的氢气、氧气由管道分别经进口水封进入气柜,又由管道经出口水封外送(也有进、出合用一根管),见图 3-23。钟罩用钢板制作,由柱体和

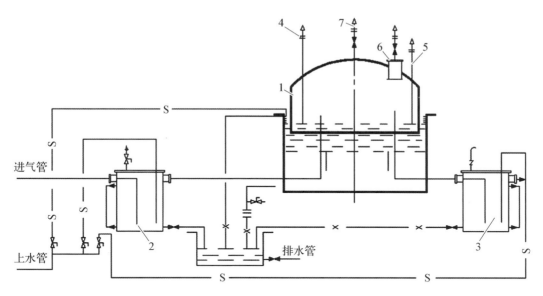

图 3-23　湿式储气柜结构图

1—钟罩;2—进口水封;3—出口水封;4—阻火器;5—自动放空管;6—管罩;7—顶部放空管

球冠两部分组成。钟罩的顶部设有放空阀,在出气管的正上方有管罩,当钟罩降到低位时,管罩就罩住出气管并形成水封,气体不再外送,使气柜内留有余气,不致形成负压。水槽有用钢板焊接的,也有用钢筋水泥制作的。水槽的上部有溢流口,可以使槽内保持一定水位;底部有排污口,供停产检修时使用。为了增加气柜的容积,将钟罩做成套筒,套筒之间用水环密封。但由于水环的高度有限,又因钟罩倾斜、内部超压、卡顿等,气体容易从水环处外漏,如储存密度大且易燃、有毒的气体,应防止恶性事故发生。

湿式储气柜一般都安装在室外,不须建筑厂房。在北方地区,储气柜的水槽四周必须有保温层或设蒸气保温管以防冰冻。

2. 钟罩内气体压力的计算

$$p = p_0 - p' - p''$$

式中,p_0 为钟罩重量产生的压力,Pa;p' 为钟罩浸在水中的浮力,Pa;p'' 为外界空气与柜内气体的重度差而产生的浮力,Pa。

若 G 为钟罩质量(kg),则

$$p_0 = \frac{9.8G}{F} = \frac{9.8G}{\dfrac{\pi D^2}{4}}$$

式中,F 为钟罩的横截面积,m^2;D 为钟罩的内径,m。

若钟罩圆柱体壁的高度为 $H(\mathrm{m})$，$h(\mathrm{m})$ 为水面上钟罩壁的高度，则钟罩浸于水中的部分为 $H-h$。S 为钟罩壁的质量，而每千克钢浸于水中时所承受的浮力为 $1/7.85$，则：

$$p' = \frac{9.8 \times 0.128(H-h)S}{\dfrac{\pi D^2}{4}H} = \frac{5.018(H-h)S}{\pi D^2 H}$$

若 r_a 和 r_g 分别代表外界空气和储存气体的重度，则

$$p'' = \frac{9.8(r_a - r_g)Fh}{F} = 9.8(r_a - r_g)h$$

由此可见，气柜内气体的压力（p）随钟罩所浸没的深度而异，并在很大程度上取决于外界空气的温度，因而是个变数。气柜内的压力一般控制在 4 kPa 左右，可用配重的增减来调节。

多节钟罩的计算与上述计算相似，所不同的是要将每节环的因素计算在内。

1）湿式储气柜的验收

（1）外部观察及尺寸检查。

（2）水封槽底板试漏。将氨气送入底板下（可开孔焊接进、出气管，试验合格后补焊），在焊缝上涂刷酚酞指示剂，如指示剂变红，则说明有漏点。

（3）水槽壁及钟罩的焊缝进行煤油渗漏试验。

（4）水槽注满水观察，时间不少于 24 h，看其水位是否下降。

（5）钟罩和中节进行气密试验，把空气送入柜内，用肥皂水检查焊缝。钟罩升至最高点，经过七昼夜，空气泄漏量以不超过总贮量的 2% 为合格（应考虑压力和温度因素）。

（6）钟罩进行快速升降试验 1～2 次，每分钟不超过 1.5 m，观察升降情况。

2）湿式储气柜的使用和维护

（1）使用中必须将水槽内的水加至溢流口，并保持一定溢流。

（2）在储存氢气之前，从电解槽到储气柜必须用氮气进行吹扫，吹出的混合气可由钟罩顶的小阀排出。

（3）进气管上方有管罩的气柜，在初次送气时应把管罩上的连通阀打开，使气体进入球冠部分，将钟罩平衡地顶起；正常使用时，出气管上方管罩与球冠之间的连通阀应关闭，以防止钟罩产生负压而被抽瘪。

（4）在正常情况下气柜内必须保持一定的储气量，有大风时钟罩不宜过高。

（5）平时应经常检查储气柜的进、出口水封，并保持一定的水位。

（6）定期更换水槽中的水，除采用排水阀排水外，还可采取虹吸的方法。排水时必须把钟罩顶的放空阀打开，以免因放水形成负压而压瘪钟罩。

（7）钟罩导轨的滚轮应保持转动灵活，每个季度应加油一次。

（8）冬季应做好保温，防止结冰。

（9）春季应检查避雷装置，其接地电阻应小于 10 Ω。

3.2.2　压力储气罐（瓶）

压力储气罐为定容贮器，比湿式贮气柜投资小，占地少。罐内的压力来自电解槽或压缩机，是随着进、出气体的量和温度而变化的。当压力为中、低压，单罐容量小于 5 000 m³ 时，宜采用筒形储罐；当单罐容量 ≥5 000 m³ 时宜采用球形储罐。当氢气压力为高压时，可采用钢瓶组或长管钢瓶。球形储罐的制造、检验应符合 GB/T 12337 - 2014 的规定；钢瓶应符合 GB/T 5099 - 2017 和《气瓶安全监察规程》；长管钢瓶应符合 Q/SHJ 20 - 2004《大容积钢制无缝钢气瓶》的规定。

1. 筒形、球形储气罐

筒形储气罐有立式和卧式，见图 3 - 24 和表 3 - 14；球形储气罐见图 3 - 25。作为压力容器，在设计、制造、试验及验收时，均应遵循国家的相关标准和规范；在提供产品的同时，必须提供相关的质保文件。

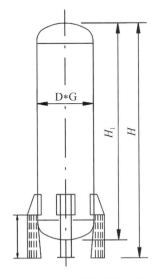

图 3 - 24　筒形储气罐

图 3 - 25　12 000 m³ 球形储气罐

表 3‑14 筒形储气罐主要技术参数

容积/m³	设计压力/MPa	设计温度/℃	容器类别	材　料	外形尺寸/(D mm×H mm)
13.9	3.3	−15～65	Ⅲ	16MnR	1 800×5 804
13.9	3.25	−35～65	Ⅲ	16MnDR	1 800×5 804
20	1.55	−15～65	Ⅱ	16MnR	2 000×6 808
20	3.3	−15～65	Ⅲ	16MnR	2 000×6 848
30	1.55	−15～65	Ⅱ	16MnR	2 400×7 112
40	1.55	−15～65	Ⅱ	16MnR	2 600×8 002
50	1.55	−15～65	Ⅱ	16MnR	3 000×7 616
60	1.55	−15～65	Ⅱ	16MnR	3 000×9 116
80	1.55	−15～65	Ⅱ	16MnR	3 400×9 425
100	1.55	−15～65	Ⅱ	16MnR	3 400×11 625
110	1.0	−15～65	Ⅱ	16MnR	3 400×12 722

2. 气瓶集装格

1) 常见的气瓶

气瓶是一种长圆筒形高压容器,以优质碳钢、锰钢、铬钼钢或其他合金钢坯料,采取挤压、拉伸或钢管加热旋压加工而成。常见的国产气瓶尺寸为 $\Phi219$ mm×6 mm×1 450 mm,容积为 40 L,重量约 60 kg。气瓶的下部是便于直立和滚动的瓶底,通常有凹型底、H 型底和带底座的底;上部是半圆形瓶颈。瓶颈的外螺纹上拧有保护瓶阀的安全帽,帽上有泄气孔;瓶颈里面有锥形螺纹,锥度通常为 3：25,拧上供气体充入和放出的瓶阀,见图 3‑26。

阀门一般用黄铜或青铜制作,有些瓶阀上还装有防爆膜,当瓶内压力达到 1.2～1.5 倍的工作压力时,膜即破裂泄压。瓶阀的侧面连接管螺纹,有左旋和右旋,充装可燃性气体的为左旋螺纹,非可燃性气体为右旋螺纹。氧气瓶阀的密封填料必须采用不可燃烧和无油脂的材料。

由于气瓶是高压容器,危险性大,使用条件比较恶劣,而且随着气体的充装、运输和使用不断流转,为了确保安全,根据规范,气瓶必须有明显的标志。其标志分为两

| 氢气 | 氧气 | 二氧化碳 | 乙炔 | 丙烷 | 氟 |
| 氟利昂 | 氯气 | 天然气 | 氨气 | 空气 | 环氧乙烷 |

图 3 - 26　几种气瓶的阀门

种,一种是原始标志,即制造厂在气瓶上标注的技术数据;另一种是检验标志,即专业检验单位在历次定期检验时所标注的检验标志。所标注的钢印必须明显清晰,字体的高度为 7～10 mm,深度为 0.3～0.5 mm;降压报废的气瓶,除在检验单位的后面标注降压或报废的标志外,还必须在制造厂标注的设计压力标记前标注降压或报废标志。

由中国工业气体工业协会推出的气瓶电子标签及 EGAS 气体企业管理系统软件,相当于气瓶有了"身份证"。不仅记录了气瓶的原始数据,而且还收集了气瓶在一段时间内的流通情况(可存储 250 个汉字)。它不需要电源,只基于读/写仪射频能量,即可进行内存信息读/写的电子载体。本软件的最大特点是有区域联网功能,实现统计、检验、充装、收发和用户使用的全过程管理。

为了避免充错和用错气体,防止气瓶表面锈蚀,各种气瓶的表面都应按照规定刷上一定颜色的油漆,标注气体名称和涂刷横条,并不得任意涂改或增加其他图案和标记。气瓶的漆色和字样见表 3 - 15。新气瓶的漆色工作由制造厂进行,日常漆色工作由气瓶检验站负责。不论充装哪种气体的气瓶,其肩打钢印的位置上一律喷上白色薄漆。

表 3 - 15　气瓶的漆色和字样

充装气体名称	化学式	漆色	字样	字样颜色
氢气	H_2	深绿	氢	红
氧气	O_2	天蓝	氧	黑

续　表

充装气体名称	化学式	漆色	字样	字样颜色
医用氧气	O_2	天蓝	医用氧	黑
氮气	N_2	黑	氮	黄
空气	—	黑	空气	白
氨气	NH_3	黄	液氨	黑
氯气	Cl_2	草绿	液氯	白
二氧化碳	CO_2	铝白	液化二氧化碳	黑
二氯二氟甲烷	CF_2Cl_2	铝白	液化氟氯烷-12	黑
氩	Ar	灰	氩	绿
氯化氢	HCl	灰	液化氯化氢	黑

图 3 - 27　气瓶集装格

2) 气瓶集装格

因单个气瓶的容积很小，一般为 40 L，气体储存量十分有限；又由于散瓶在管理、验瓶、充装、储存、运输和使用等方面都存在诸多问题，为了确保安全生产，减轻劳动强度，可采取气瓶集装格，即将气瓶组合在方格内，并将各瓶的气路连通，由总阀统一控制，见图 3 - 27。这样，既可以在产气现场用作气体储、放调节，又可以直接起吊运输到使用场所，替代散瓶。每个单元集装格的气瓶数不得超过 20 瓶(40 L)，气瓶及安全阀、管路、阀门、接头等都应可靠固定，不得松动。

3. 集装管束(拖车)

进入 21 世纪，我国也开始生产大容积旋压收口成型的钢质无缝气瓶，以满足需要。地面储气装置见图 3 - 28、表 3 - 16，常用氢气集装管束见表 3 - 17，氢气运输半挂车见图 3 - 29 和表 3 - 18。

图 3 - 28　地面储气装置

表 3 - 16　地面储气装置基本参数

工作压力 /MPa	水容积 /m³	瓶体外形尺寸 直径/mm×长度/mm	设备总质量 /kg	瓶体数量 /只
25	3.9	Φ610×6 100	8 750	3
	3.7	Φ559×4 985	7 050	4
	6	Φ406×6 500	7 550	6
40	4	Φ406×6 500	约 10 550	6
45～75	正在开发中			

表 3 - 17　常用的氢气集装束基本参数

工作压力 /MPa	总的水容积 /m³	充装氢气容积 /m³	单个瓶体尺寸 外径/mm×长度/mm	瓶体数量 /只
20	12.6	2 220	Φ559×5 500	12
	16.5	2 910	Φ559×8 235	10
	18	3 170	Φ406×10 975	15
	18	3 170	Φ559×10 975	8
	20.25	3 570	Φ559×10 975	9
	22.5	3 964	Φ559×10 975	10
	24.75	4 365	Φ559×10 975	11

图 3-29 氢气运输半挂车

表 3-18 常用的氢气运输半挂车的基本数据

产品名称	外形尺寸/英尺	瓶体数量/只	单瓶外径/mm	总水容积/m³	充氢容积/m³	备注
HGJ9350GGQ 型高压气体运输半挂车	40	8		18	3 170	工作压力为 20 MPa，半挂车底盘后轴为 2 轴
HGJ9351GGQ 型高压气体运输半挂车	40	10		22.5	3 964	
HGJ9400GGQ 型高压气体运输半挂车	40	10	Φ559	22.5	3 964	工作压力为 20 MPa，半挂车底盘后轴为 3 轴
HGJ9250GGQ 型高压气体运输半挂车	20	12		12.6	2 220	
HGJ9310GGQ 型高压气体运输半挂车	30	10		16.5	2 910	工作压力为 20 MPa，半挂底盘后轴为 2 轴
HGJ9340GGQ 型高压气体运输半挂车	40	11		24.75	4 365	

4. 车载高压储氢罐

为了解决燃料电池汽车储氢问题，世界各国正努力研发新储氢罐。如内层使用轻质铝内胆，外层用碳纤维、金属丝或玻璃纤维缠绕的高压储氢容器，见图 3-30。其工作压力为 25～70 MPa。

氢的储运方式有高压储氢、液氢、材料储氢、有机化合物储运氢、管道输氢等。镁基固态储氢具有镁吸放氢反应过程简单（$Mg+H_2 \xrightarrow{\text{一定条件}} MgH_2$），无副产物，可控性好，成本较低，可循环使用，过程中无三废排放等优点，而且是高密度储氢，MgH_2 储

图 3-30　车载高压储氢

氢质量密度为 7.6%（质量分数），储氢体积密度为 110 g/L。镁基固态储氢车单车储氢量可达 1.2 t，是传统长管拖车的 3～4 倍。另外，因在常温常压下储运，具有较高的安全性，可行驶 300 km 以上，可应用于大容量长距离储运。

将氢储存在纳米结构材料、金属有机骨架化合物（MOFs）及金属氢化物中，存在储氢量低、条件苛刻、效益低下和成本较高等问题。利用有机小分子将氢储存在化学键（如甲醇、甲醛和甲酸）中，常伴随二氧化碳的排放，存在一定的毒性等问题。据报道，二苯甲基甲苯是最合适的氢载体材料。它可以在一定的条件下与氢发生加成反应，生成液态的氢化物，在需要时经过脱氢反应，可重新释放出氢气。LOHC（液体有机氢载体）的储存量可达 6.23%（质量分数），在成本和安全性方面都具有明显优势，不仅难以燃烧，而且无毒、无害，故它不属于危险品，可以在常规的环境条件下运输。

3.2.3　气体的加压设备

气体的输送必须有压力差，根据需要，加压设备有鼓风机和压缩机。

3.2.3.1　旋转式鼓风机

旋转式鼓风机的原理是：借一定形状的一个或两个部件在机壳中不断旋转，与机壳间歇地形成密封空间而将气体吸入，再继续旋转时，由于空间缩小将气体压缩，最后排入压出导管中。鼓风机的旋转部件可与电动机直接连接，故它的构造简单而紧凑。主要缺点是压缩比值不大，其最终压力一般不高于 2×10^5 Pa。

用来压缩氢气的设备要求其转动部分不产生火花，并有严格的轴封装置，与之配套的电动机为防爆型。目前较多采用水环式鼓风机和回转式鼓风机。

1. 水环式鼓风机

水环式鼓风机由带有多个叶片的偏心转子、水和泵壳组成。当转子旋转时,水被抛向泵壳并形成与泵壳同心的水环。这样,水环与转子之间形成了月牙形空间,而空间又被叶片轮分隔成若干个小腔,当小腔内的水量由少变多时,腔内的气体压力就由小变大,由此完成了从吸气到排气的过程(图 3-31)。为封住内腔壁,运行中需不断地加入冷水,水量要适当。如进水过多,气体将很少进来或根本进不来;如进水过少,内壁就无法密封,以上两种情况都会影响送气量。加入的水在内壁旋转后与气体一起进入气水分离器。不同型号的水环式鼓风机工作性能,见表 3-19。这种鼓风机运行均匀,其最大效率在 0.15~0.18 MPa,能与电动机直接连接,结构紧凑,但耗电量大,气体所带的水分也多,泵后必须安装气水分离器。

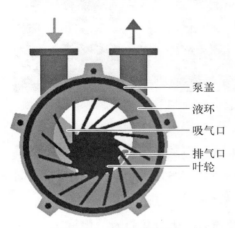

泵盖
液环
吸气口
排气口
叶轮

图 3-31　水环式鼓风机

表 3-19　水环式鼓风机的工作性能

加压泵型号	排气量/(m³/h)					最大压力/MPa	电机功率/kW	转数/(r/min)	水消耗量/(L/min)
	压力为 0 MPa	压力为 0.05 MPa	压力为 0.08 MPa	压力为 0.10 MPa	压力为 0.15 MPa				
SZ-1	90	60	—	—	—	0.10	4.5	1 450	10
SZ-2	204	156	120	90	—	0.14	14	1 450	30
SZ-3	690	550	510	450	210	0.21	40	975	70
SZ-4	1 620	1 560	1 200	960	570	0.21	80	730	100

2. 回转式鼓风机

回转式鼓风机又称罗茨鼓风机。它是在机壳内两个相互平行的轴上各装一个具有特殊形状的叶轮,借助一对等速传动的齿轮作反向旋转。叶轮旋转时,其一端严密地接触,另一端与壳壁密接,这样机体内形成两个互相隔离的小室,其中一个小室吸入气体,另一个小室排出气体。这种鼓风机适用于压力在 $8×10^4$ Pa 以下,其最大效率在 $4×10^4$ Pa以下。它构造简单,操作容易,送气量稳定,几乎不受压力变化的影响,而只与转速有关。用户在订购时应向制造单位提出特殊要求,在密封方面采取相应措施。

3.2.3.2 活塞式压缩机

1. 工作原理

活塞式压缩机即往复压缩机,依靠活塞在气缸里作往复运动而将气体压缩,见图 3-32。当活塞 2 向右移动时,气缸 1 左边气体体积增大,气压降低,这时吸入管路里的气体就顶开吸入阀门 3 而进入气缸,直至活塞 2 移到最右边为止。接着活塞 2 开始向左移动,这时吸入阀门 3 自动关闭,活塞 2 左边的气体就被压缩,当压力上升到一定程度时,气体就将排出阀门 4 顶开而排出,直至活塞 2 移到最左边为止。活塞 2 这样往复运动,气体就被周期

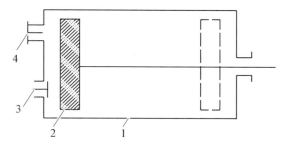

图 3-32 单吸式压缩机气缸原理图
1—气缸;2—活塞;3—吸入阀门;4—排出阀门

性地吸入和压出;活塞来回一次叫作一个循环,来回所移动的距离叫行程。

如果气缸的另一端也装有吸入阀门和排出阀门,则当活塞运动时,气缸两边都在起作用,即一边在吸气、另一边在压缩和排气,这种型号的压缩机叫单级双作用压缩机。

由于生产上往往需要把气体压缩到几个或几十个兆帕,若采用单段压缩机,将气体迅速压缩到很大的压力,则压缩比(在一个气缸中,气体的出口压力与进口压力之比)必然很大,压缩后的气体温度会升得很高,这样会使动力消耗很大,并使冷却和润滑变得困难,因温度过高,润滑油也会失去原有性质。另外,压缩比过高,则残留在余隙容积(活塞与气缸之间的间隙)中的高压气体,在吸气膨胀时所占的气缸容积就变得很大,这就使压缩机的容积效率变小,生产能力显著下降。再者,因压缩比过高,压缩机的活塞、曲轴和连杆等机件尺寸都需相应增大,否则,无法承受负荷。因此,要克服上述缺点,必须采用多段压缩的方法,那根据所需要的压力,将压缩机的气缸分成若干压力等级,如低压段、中压段、高压段,并在每段压缩后设置中间冷却器,用于冷却各段压缩后的高温气体。

2. 一般构造

活塞式压缩机主要由气缸体、气缸盖、曲轴、连杆、活塞、配气装置、冷却装置、润滑系统、贮气筒、安全阀及仪表、自动控制等组成。

(1)气缸体:由铸铁制成,上部与气缸盖相连,下部有曲轴箱,活塞由曲轴和连杆

带动在气缸体内作往复运动。风冷式是在机体外铸有许多散热片;水冷式是在气缸四周铸有水套。

（2）气缸盖:用高质量铸铁单独铸成,盖上铸有进、排气室,供装置进、排气用。它与气缸体之间装有气缸垫,并用螺丝固定,以防止工作时漏气。

（3）曲轴箱:用铸铁制成,其上部有气缸体,中部装有曲轴,下部有润滑油,用来润滑各摩擦面。

（4）曲轴、连杆:由曲轴、连杆、活塞销和活塞等组成,作用是将发动机的动力经曲轴和连杆的传动,使活塞在气缸内作往复运动。

（5）配气装置:由进气阀和排气阀组成,具体有阀座、阀片、弹簧和支撑圈;其作用是当活塞作往复运动时能及时打开或关闭,使气体吸入或排出。

（6）冷却装置:压缩机的气缸冷却装置有水冷和风冷两种,其作用是及时散去气体被压缩时所产生的热量。散热越快,气体密度就越大,吸入气缸的气体也就越多,压缩机的工作效率也就高。

3. 活塞机的润滑

活塞式压缩机是经典类型的容积式压缩机,分为有油润滑压缩机和无油润滑压缩机。有油润滑压缩机的润滑油容易进入被压缩的气体,污染气体,所以必要时还需除油。无油润滑压缩机的缸体内无润滑油,但曲轴箱内的润滑油会被不断运动的连杆带入气缸内,且活塞环及连杆密封圈在不断运动中,因磨损所产生的颗粒进入被压缩的气体中,所以必须设置过滤系统。

4. 常见的活塞式氢气压缩机

用于氢气压缩、充灌的活塞式压缩机见图 3-33。

(a) D系列水冷氢压机　　　　　　　　　　(b) Z系列风冷氢压机

(c) Z 系列水冷氢压机　　　　　　　(d) V 系列水冷氢压机

图 3-33　活塞式压缩机

3.2.3.3　隔膜压缩机

1. 工作原理

为了防止纯氢、高纯氢在压缩过程中被杂质污染，通常采用膜压机压缩。膜压机是一种特殊的容积式压缩机，其原理见图 3-34。它是用一组膜片将液压油与被压缩的气体完全隔离开，保证气体不被污染。它具有两大特点，一是密封性好，二是压缩比大。膜片由液压油驱动，在液压油的推、拉作用下作往复运动，此时膜片组的另一侧完成对被压气体的吸气、压缩和排气过程。作为气

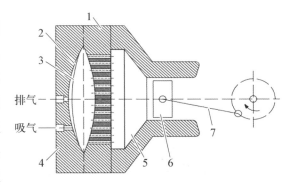

图 3-34　膜压机工作原理

1—配油盘；2—膜片；3—压缩室；4—气缸盖；
5—油压室；6—油缸活塞；7—曲轴连杆机构

缸的膜腔具有很好的密封性能，气体只接触膜片，不与任何润滑剂接触，而且在压缩过程中没有因滑动件的磨损而产生的颗粒，所以气体既无泄漏，也没有受到污染，保证了压缩后的气体纯度与进入压缩机时完全一致。

膜压机的膜片有三层，即气侧膜片、中间膜片和油侧膜片。气侧膜片是用与被压缩气体相容的材料制成的，如 $OOCr_{15}Ni_5$、奥氏体不锈钢、蒙乃尔（Monel）镍铜合金、英科乃尔（Inconel）铬镍铁合金等。油侧膜片由不锈钢制成，如 $OOCr_{15}Ni_5$、奥氏体不

锈钢。中间膜片用耐磨材料、不锈钢或铍铜制成,在两侧都有小槽,当气侧膜片或油侧膜片产生裂纹后,将气压或油压引导到报警、停机。

2. 氢气隔膜压缩机

氢气的增压储存是高效利用氢能源的有效途径。由于车载储氢罐的高压需要,在解决了材料、安全等难题后,氢气隔膜压缩机的排气压力也已提高到 75 MPa。图 3-35 和表 3-20 为一些氢气隔膜压缩机及参数。

(a) D044L系列

(b) D070L系列

(c) D095V系列

(d) D105V系列

(e) D130L系列

(f) D130V系列

(g) D150Z系列

(h) 2D130H系列

图 3 - 35　氢气隔膜压缩机

表 3 - 20　膜压机产品系列及参数

产品型号		技 术 指 标						
		容积流量 /(m³/h)	进气压力 /MPa	排气压力 /MPa	转数 /(r/min)	电机功率 /kW	外形尺寸 /(L mm× W mm×H mm)	质量 /kg
D044L	25～100	1.0～4.0	0.05～0.5	10.0	430	1.5	850×540×900	380
	30～160	1.2～2.5	0.14～0.4	16.0	400	1.5	850×540×900	380
	160～500	1.0～3.5	0.9～3.5	50.0	400	1.5	850×540×900	380
D070L	10	8～80	常压至 0.7	1.0	400	3～4	1 050×560×1 200	550
	25～80	4～20	0.1～0.7	8.0	400	3～4	1 050×560×1 200	550
	20～160	3～6	0.02～0.14	16.0	400	3～4	1 050×560×1 200	550
	25～160	4～7	0.1～0.25	16.0	430	3～4	1 050×560×1 200	550
	30～160	3.5～8	0.14～0.4	16.0	400	3～4	1 050×560×1 200	550
	40～160	3～9	0.2～0.75	16.0	400	3～4	1 050×560×1 200	500
	25～200	4～6	0.12～0.2	20.0	400	3～4	1 050×560×1 200	550
	40～200	3.5～8	0.2～0.6	20.0	400	3～4	1 050×560×1 200	550
	80～200	2.5～15	0.2～1.6	20.0	400	3～4	1 050×560×1 200	550
	40～250	2～7	0.1～0.6	25.0	400	3～4	1 050×560×1 200	550

续　表

产品型号		技术指标						
		容积流量 /(m³/h)	进气压力 /MPa	排气压力 /MPa	转数 /(r/min)	电机功率 /kW	外形尺寸 /(L mm× W mm×H mm)	质量 /kg
D070L	80～250	3～14	0.3～1.4	25.0	400	3～4	1 050×560×1 200	550
	40～350	3～5	0.2～0.45	35.0	400	3～4	1 050×560×1 200	550
	80～350	3～9	0.3～0.9	35.0	400	3～4	1 050×560×1 200	550
	100～350	3～14	0.45～2	35.0	400	3～4	1 050×560×1 200	550
D095V	20	12～300	常压至1.5	1.0～2.0	400	5.5～7.5	1 600×950×1 300	950
	15～40	10～38	常压至0.3	4.0	400	5.5～7.5	1 600×950×1 300	950
	20～40	6～50	常压至0.8	4.0	400	5.5～7.5	1 600×950×1 300	950
	20～80	6～22	常压至0.3	8.0	400	5.5～7.5	1 600×950×1 300	950
	15～120	10～20	常压至0.1	12.0	400	5.5～7.5	1 600×950×1 300	950
	20～120	6.5～18	常压至0.2	12.0	400	5.5～7.5	1 600×950×1 300	950
	30～160	9～18	0.15～0.4	16.0	400	5.5～7.5	1 600×950×1 300	950
	40～160	7～27	0.15～0.8	16.0	400	5.5～7.5	1 600×950×1 300	950
	20～200	6	常压	20.0	400	4	1 600×950×1 300	950
	40～200	9～27	0.2～0.8	20.0	400	5.5～7.5	1 600×950×1 300	950
	80～200	4.5～37	0.2～2.5	20.0	400	5.5～7.5	1 600×950×1 300	950
	40～350	7～12	0.15～0.3	35.0	400	5.5～7.5	1 600×950×1 300	950
	80～350	6～18	0.35～0.9	35.0	400	5.5～7.5	1 600×950×1 300	950
	200～800	6～15	1.0～2.5	80.0	400	5.5～7.5	1 600×950×1 300	950
D105V	15～160	20～23	常压至0.02	16.0	400	15～18.5	1 900×1 240×1 500	1 600
	20～160	12～25	常压至0.12	16.0	400	11～15	1 900×1 240×1 500	1 600
	40～160	14～60	0.15～0.8	16.0	400	15～18.5	1 900×1 240×1 500	1 600
	60～160	13～90	0.2～1.5	16.0	400	15～18.5	1 900×1 240×1 500	1 600

续　表

产品型号		技 术 指 标						
		容积流量/(m³/h)	进气压力/MPa	排气压力/MPa	转数/(r/min)	电机功率/kW	外形尺寸/(L mm× W mm×H mm)	质量/kg
D105V	80～160	14～100	0.25～2.3	16.0	400	18.5	1 900×1 240×1 500	1 600
	20～200	12～18	常压至 0.05	20.0	400	7.5～11	1 900×1 240×1 500	1 600
	50～200	16～55	0.2～0.9	20.0	400	18.5	1 900×1 240×1 500	1 600
	60～200	15～60	0.2～1.0	20.0	400	15～18.5	1 900×1 240×1 500	1 600
	80～200	16～30	0.3～0.8	20.0	400	15～18.5	1 900×1 240×1 500	1 600
	60～350	13～30	0.2～0.55	35.0	400	11～15	1 900×1 240×1 500	1 600
	80～350	7～40	0.4～1.1	35.0	400	15～18.5	1 900×1 240×1 500	1 600
D130V	20	56～1 200	常压至 1.5	1.0～2.0	400	22～37	2 600×1 630×1 850	5 000
	20～60	30～170	常压至 0.5	6.0	400	22～37	2 600×1 630×1 850	5 000
	20～70	30～130	常压至 0.35	7.0	400	22～37	2 600×1 630×1 850	5 000
	20～160	30～60	常压至 0.1	16.0	400	18.5～22	2 400×1 490×1 850	4 800
	20～200	28～56	常压至 0.1	20.0	400	18.5～22	2 240×1 490×1 850	4 800
	30～200	37～85	0.1～0.35	20.0	400	22～37	2 600×1 630×1 850	5 000
	40～200	45～100	0.2～0.65	20.0	400	22～37	2 600×1 630×1 850	5 000
	50～200	20～120	0.3～0.8	20.0	400	22～37	2 600×1 630×1 850	5 000
	60～200	45～160	0.35～1.4	20.0	400	22～37	2 600×1 630×1 850	5 000
	70～200	40～190	0.4～2	20.0	400	22～37	2 600×1 630×1 850	5 000
	200	80～1 000	1.3～11	20.0	400	22～37	2 600×1 630×1 850	5 000
	30～250	37～60	0.1～0.25	25.0	400	22～37	2 600×1 630×1 850	5 000
	60～250	30～90	0.25～1	25.0	400	22～37	2 600×1 630×1 850	5 000
	70～250	36～120	0.35～1.3	25.0	400	22～37	2 600×1 630×1 850	5 000
	120～250	36～250	0.6～4.5	25.0	400	22～37	2 600×1 630×1 850	5 000

产品型号		技 术 指 标						
		容积 流量 /(m³/h)	进气 压力 /MPa	排气 压力 /MPa	转数 /(r /min)	电机 功率 /kW	外形尺寸 /(L mm× W mm×H mm)	质量 /kg
D130V	80～350	34～90	0.4～1	35.0	400	22～37	2 600×1 630×1 850	5 000
	120～400	32～130	0.65～2.5	40.0	400	22～37	2 600×1 630×1 850	5 000
	120～450	32～120	0.65～2.4	45.0	400	22～37	2 600×1 630×1 850	5 000
D130L	15	80～1 400	常压至1.2	1.5	400	18.5～37	2 600×1 630×1 850	5 500
	25	160～1 300	0.25～2	2.5	400	22～37	2 600×1 630×1 850	5 500
	30	140～1 200	0.3～2.5	3.0	400	30～37	2 600×1 630×1 850	5 500
	15～40	40～200	常压至0.4	4.0	400	22～37	2 600×1 630×1 850	5 500
	20～60	30～160	常压至0.45	6.0	400	22～37	2 600×1 630×1 850	5 500
	50～160	40～180	0.2～1.2	15.0	400	22～37	2 600×1 630×1 850	5 500
	15～200	40～45	常压至0.012	20.0	400	22	2 240×1 490×1 850	4 800
	20～200	28～56	常压至0.1	20.0	400	18.5～22	2 240×1 490×1 850	4 800
	25～200	20～80	常压至0.2	20.0	400	15～37	2 600×1 630×1 850	5 500
	20～250	55～100	0.1～0.2	25.0	400	22～37	2 600×1 630×1 850	5 500
	250～800	40～150	2～6	80.0	400	22～37	2 600×1 630×1 850	5 500
2D130H	15	160～2 800	常压至1.2	1.5	360	45～75	3 500×2 200×1 850	11 000
	15～30	70～300	常压至0.3	3.0	360	45～55	3 500×2 200×1 850	10 000
	20～60	60～320	常压至0.45	6.0	360	55	3 500×2 200×1 850	10 000
	30～60	100～540	0.2～1.3	6.0	360	55	3 500×2 200×1 850	10 000
	60～200	90～320	0.35～1.4	20.0	360	55	3 500×2 200×1 850	10 000
	50～250	100～220	0.2～0.55	25.0	360	75	3 500×2 200×1 850	11 000
D150Z	200	40～1 100	1.3～16.0	20.0	360	22～37	2 600×1 630×2 550	6 000
	750	90～500	10.0～40.0	75.0	360	22～37	2 600×1 630×2 550	6 000

由于氧气的化学性质非常活泼,具有强烈的助燃性,因此,在氧压机上凡与氧气接触的零、部件,不得使用易产生火花的材料。如氧压机的活塞体、压盖由锌基合金制成,一级、二级气缸体用球墨铸铁制成,三级气缸体则由碳素钢制成,内部均压入锡青铜气缸套;各级气缸头均由黄铜制造,阀门由铜料或不锈钢制造,弹簧则由锡青铜制成。此外,由于压力氧与油脂接触会发生燃爆,所以在压缩过程中不得使用油脂类物质进行润滑,而一般使用蒸馏水;为了增加其润滑性,可在水中加入 10% 的化学纯甘油。

3.2.4　氢气的压缩与充装

氢气的压缩与充装见图 3-36、图 3-37。氢气压缩后经冷却器水冷,有少量冷凝水分离出来。

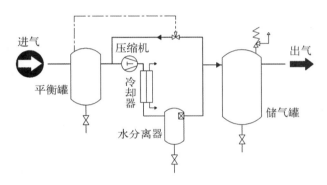

图 3-36　气体的压缩与储存

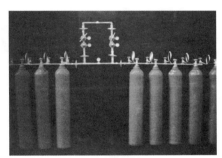

图 3-37　气体的充瓶

3.3　水电解制氢的流程

水电解制氢的流程,要根据制氢设备的工作压力,用户对气体的要求,包括压力、纯度、产销变化,以及本地区的市场情况确定。其生产流程,通常分为常压制氢工艺流程和压力制氢工艺流程两种类型。

3.3.1　常压制氢工艺流程

水电解时氢气、氧气连续不断地在电解小室里产生,并且源源不断地向外输送,电解槽的工作压力只取决于槽体以外的阻力情况。常压工艺生产时电解槽的工作压力主要取决于湿式储气柜,因储气柜的压力通常在 4 kPa 左右,再加上气体要克服分离器、洗涤器的液位阻力,所以常压电解槽的工作压力一般在 10 kPa 左右。当用户对氢气压力和纯度要求不高时,可直接由气柜外送;当气柜压力不能满足需要时,就要增设加压泵或压缩机。当用户对氢气纯度有较高要求时,应增设氢气纯化装置。纯化装置有常压纯化装置和压力纯化装置两种,可根据不同情况选用。根据产量和市场情况,再决定是否对氢气、氧气进行压缩充瓶;经过纯化的氢气应该用膜压机进行压缩。图 3-38 所列流程,可根据具体情况取舍。

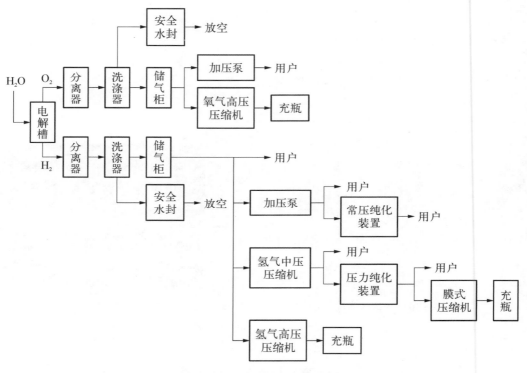

图 3-38 常压制氢工艺流程图

3.3.2 压力制氢工艺流程

在压力下制取的氢气,由于其压力已经满足用户的需要,所以不必设压缩机,可节约成本及日常能量消耗和维护保养的费用。另外,用干式储气罐代替湿式储气柜,也可减少成本和占地面积。氢气在压力下含水量低,所以纯化的工作量小,纯化后的纯度高,外送压力稳定;再加上压力下电解水制得的氢气单位能耗低,所以压力制氢工艺已经得到广泛应用。

本流程的设备已在前两节详细叙述,其流程见图 3-39。由于储气罐的压力是变化的,所以在罐的出口设压力调节装置,使外送的气体保持压力稳定。如果氢气、氧气需要充瓶,可从储气罐抽气,根据罐内气体压力决定压缩机的气缸数。如果需要瓶装纯氢,应抽纯化后的氢气,并用膜压机进行压缩。

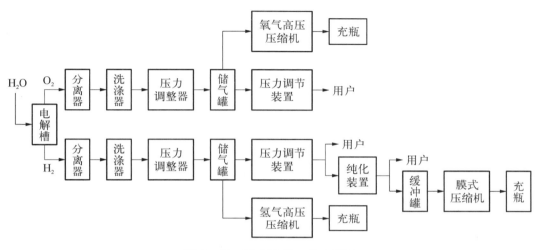

图 3-39 压力制氢工艺流程图

第4章 水电解槽的组装、运行和节能

4.1 水电解槽的组装

压滤式水电解槽由主极板(框)，阴、阳副极，隔膜和垫片等叠加组成，再由大螺杆、螺帽和弹簧片夹紧。

4.1.1 组装前的准备

1. 主极板(框)的准备

(1) 根据图纸要求，检查各部的尺寸是否正确。

(2) 检查表面平整度。

(3) 检查四周密封线是否完好，气、液孔是否畅通。

(4) 检查镀镍层、喷涂层、活化层是否完好。

(5) 进行除锈、除油清洁。

(6) 对容易装错的，应作明显的标记。

2. 其他准备

(1) 检查隔膜是否完好，必要时可作气密试验或透光检查。

(2) 检查密封垫片是否完好。

(3) 测量绝缘件的电阻，其数值应大于 1 MΩ。

(4) 对每组夹紧弹簧盘进行负荷曲线的测试。

(5) 对需要试压的容器进行水压试验。

4.1.2 水电解槽的组装

1. 传统大电解槽组装

传统大电解槽一般都在现场安装，即将零、部件按图纸和技术要求进行组装。

（1）检查基础高度和水平线，并安放垫铁、绝缘座、托座和两根下部大螺杆，找正后安装两头的端板。如果端板起支撑槽体的作用，则先安装端板，再安装下部大螺杆。

（2）安装一根上部大螺杆。

（3）在下部大螺杆上安放支撑极框的绝缘垫，再按单极、隔膜、双极（框）、隔膜的顺序从一端安装到另一端。为了防止滑动、翻倒，可用绳索临时固定。

（4）用万用表（或 12 V 电池接上灯泡）检查极间有否短路，电阻值应大于 1 Ω。干燥状态下电解小室的绝缘电阻应大于 3 kΩ，槽体对地电阻应大于 10 kΩ。

（5）装上最后一根大螺杆及螺杆绝缘套、弹簧片、大螺帽，进行初步夹紧。

（6）槽体用 0.2 MPa 的蒸汽蒸煮 30～40 h，测量弹簧片的间距，根据负荷曲线及时进行夹紧，使螺杆始终保持拉紧状态；夹紧时应停止蒸汽。

（7）以工作压力 1.5 倍（常压电解槽不低于 0.2 MPa）的压力进行水压试验，维持 5 min 以上，以不漏为合格。

（8）以洁净空气或氮气做气密试验，或注满水静止试验，常压槽可按 30 kPa 保持 30 min，以无泄漏为合格。

2. 水电解槽组装

目前的压力水电解槽其副极大多为网状电极，且与主极板之间没有直接固定，而是靠组装时压紧的，所以在组装时必须先水平叠加，待组装夹紧后再横放。由于阴、阳副极不同，故不能装错。特别是对于并联的电解槽，因它的中间为正极，其两侧的阴、阳极性是相反的，两端都为阴副极，故应在主极板的外侧有鲜明的标志，确保正确。在使用现场做整体安装时，两端板的底部放有绝缘板，有的在一端安放滚柱，供槽体热胀冷缩时滚动用。

待安装完毕并连接管线后，用洁净空气或氮气对系统进行气密试验，试验压力为 1.05 倍的工作压力。当达到规定压力后保持 30 min，然后降至工作压力，以无泄漏为合格。

3. 鲁奇水电解槽组装

德国鲁奇公司的组装步骤是，先将板框、隔膜、垫片分组叠加，拉紧后起吊再进行水平安放，图 4-1 记录了组装全过程。他们将整个槽体的电解小室分成 4 组，分别垂直起吊再翻转水平安放，最后用吊车拉动大扳手分别旋紧 6 根大螺杆的螺帽，拉紧时另一端用扳手固定。在吊车的挂钩上有拉力吨位指示器。

(a) 第一小室组安装前

(b) 第二小室组起吊

(c) 安装第二小室组

(d) 安装4个小室组后

(e) 用6根螺杆紧固槽体

图 4-1 鲁奇水电解槽的组装

4.1.3 泄漏量试验

经气密试验后,电解水系统用洁净空气或氮气进行泄漏量试验。根据 GB/T 37562-2019《压力型水电解制氢系统技术条件》规定,试验压力为工作压力,试验时间为 24 h。泄漏量试验过程应记录系统内气体的温度和压力,以平均每小时泄漏率不超过 0.5% 为合格。泄漏率按下式计算:

$$A = \frac{100}{t}\left(1 - \frac{p_2 T_1}{p_1 T_2}\right)$$

式中,A 为泄漏率,%;t 为试验时间,h;p_1、p_2 分别为试验开始、结束时的绝对压力,MPa;T_1、T_2 分别为试验开始、结束时的绝对温度,K。

4.2 水电解槽的运行

运行前,先清洗水箱、碱缸、电解槽及附属设备。将原料水加至分离器中部,用循环泵使纯水作内循环,3~4 h 后停泵排污,重复 2~3 次,直至排出液干净为止。检查槽体表面,清除杂物,测量各部及对地绝缘。

4.2.1　开车与停车

配制 15％的稀碱,用碱泵打入系统,至分离器液位中部。用循环泵作内循环 2 h,并将浓度调整到上述要求。向系统充氮至 0.3 MPa,再开启碱液循环泵。碱液配制时应戴上防护手套和防护镜,并准备 2％的硼酸溶液,这些物品应安放在电解室内。因固碱在溶解过程是放热反应,碱液的温度升高,其溶解度增加,所以在配制电解液时应严格控制数量和浓度。应分批进行,防止在配制时因碱液浓度过高,而冷却后在设备、管道内发生板结造成严重后果。在将电解液加入装置时,也要防止碱液沉积、堵塞,运行结束要用纯水冲洗。

4.2.1.1　开车操作

接通整流柜、控制柜电源、气源,将系统压力设置在 0.4 MPa,补水泵开关置于手动挡,液位连锁开关在解除连锁挡,使控制柜处于正常工作状态。整流柜设置在稳流挡,启动整流柜,先向电解槽试送电压,如无不正常现象(响声、火花及其他)立即测量正、负极是否正确。随着槽温升高,在直流电压规定范围内,使直流电流接近额定值。此时将液位上、下限连锁转换开关置于连锁挡,补水泵开关置于自动加水挡,确保补水系统畅通。当槽温升至 60℃时开启冷却水,氢、氧分析仪投入运行。当槽温升至 80℃后,重新整定循环碱温给定值使槽温稳定在规定范围。运行 3～4 h 后,逐步提高工作压力给定值,直至额定压力。此时注意测定极间电压,及时诊断槽内是否有异常,主要防止因气、液孔堵塞使小室缺电解液。在接近满负荷运行 48 h 后停机,从电解槽及过滤器排污,排尽废液。同时注入原料水,循环 2～3 遍后排掉,并清洗过滤器。

再进行浓碱运行。配制规定浓度的碱液,运行操作同上,在额定状态下运行且气体纯度合格后,可将气体转至送气。每小时对直流电流、直流电压、气体纯度、系统压力、电解液温度等参数和运行情况作记录。

4.2.1.2　停车操作

(1)将氢、氧分离器的液位调到适当高度,避免停车后液位过低。

(2)将控制柜上的补水泵启动开关置于手动挡,液位连锁转换开关置于连锁消除挡。切断分析仪电源,分析气样流量调至零,关闭取样阀。

(3)将整流电流给定降至零。

（4）关闭氢、氧旁通阀，将两位三通球阀切换至排空状态，并使氢、氧分离器的液位保持平衡。

（5）调碱液控制温度为零，根据系统情况开启氢、氧排空阀，使给定压力缓缓降至零，系统卸压至规定值。待到室温时，既要防止压力过高，又要确保不产生负压。

（6）根据要求停止碱液泵运行。

（7）切断电源、气源、冷却水，关闭各阀，完成停车。

（8）若出现异常紧急情况，如短路、打火、爆鸣、电压急剧上升、气体纯度迅速下降、严重漏碱、严重漏气、电解液停止循环等，应先将整流电流给定降到零，再切断补水泵、分析仪电源，关闭氢、氧送气阀，分析仪表取样阀，打开氢、氧排水阀。当需要卸压时，则将压力调节的压力给定调为零，使系统自动卸压，或直接开启氢、氧排空阀。

4.2.2 工艺条件控制

水电解槽在运行中，必须对气体的压力、运行温度、碱液的循环、电解补水等进行控制。

4.2.2.1 压力的控制

电解槽的运行压力控制设定在触摸屏上。其控制和调节的原理是：通过安装在氧分离器上的压力变送器进行压力测量，并将测量信号变为 $4 \sim 20$ mA 的直流信号至可编程序控制器（PLC），经过与设定值比较，再通过 PID 运算，经电/气转换器产生 $0.02 \sim 0.1$ MPa 的气信号，用来控制氧侧出口的气动薄膜调节阀的开度，从而达到系统压力稳定的目的，见图 4 - 2。如果是电动控制，则不需要电/气转换器，直接由电信号控制电动薄膜调节阀的开度。

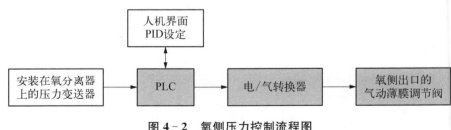

图 4 - 2 氧侧压力控制流程图

为了达到氢、氧两侧压力平衡，由分别安装在氢、氧分离器上的差压变送器，测量气液相压差，两个 $4 \sim 20$ mA 的测量信号分别被送入 PLC，氢侧压力作为给定、氧侧

压力作为测量,进行比较和 PID 运算。如是气动控制,要通过电/气转换器产生
0.02~0.1 MPa 的气信号,来控制氢侧出口的气动薄膜调节阀,从而达到控制两侧压
力平衡的目的,见图 4-3。如是电动控制,就直接由电信号调节氢侧出口的调节阀开
度。电动系统必须达到防爆等级。此外,系统还设有超压报警连锁装置和超压自动
泄压装置。

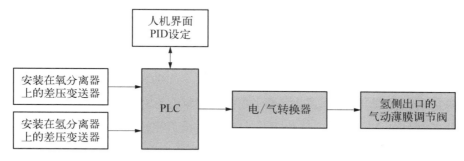

图 4-3　控制氢侧与氧侧压力平衡流程图

运行中如出现压力变送器、差压变送器零点漂移,应及时调整零点弹簧。如变送
器内有积液,就要打开排污阀排去积液。如差压变送器的引讯接头堵塞,应拆下引讯
接头,清除堵物。若参数整定不合理,应调整比例积分参数。若调节阀阀芯磨损,可
调整阀芯位置或更换。若气动管路内有杂质、积液或气路有漏损,也应及时排除。

需要特别指出的是,压力电解槽在额定的压力下运行,有利于降低气体的直流单
耗和露点。然而有人误认为"运行压力越低越安全",人为地设定很低的运行压力。
这样做不仅提高了气体的单位电耗,增加了外送气体的含水量,而且会使氢、氧气在
管道里的流速大幅增加,反而会带来新的安全隐患。所以压力电解槽应在额定的工
作压力下运行。

4.2.2.2　温度的控制

在电解过程中必须调节冷却水量,使电解液的温度保持在规定的范围内。电解
运行的温度的确定,是根据系统内各种材质的耐温程度而定的。压力电解槽的温度
变送器安装在氧侧分离器上,其输出信号送至 PLC,与原先输入 PLC 的槽温设定值
进行比较,经过 PID 运算。如是气动控制,再输出信号给电/气转换器产生 0.02~
0.10 MPa 的气信号,控制冷却水的气动薄膜调节阀的开度;如是电动控制,就直接由
电信号控制电动调节阀的开度,从而控制电解液的温度。

电解槽内氧侧的温度要比氢侧高 5℃左右,这是由于氢气产量是氧气的 2 倍,且氢

气的导热系数是氧气的 7 倍,氢、氧两侧气体所带走的碱液量和热量就有很大不同。

4.2.2.3 电解液的循环

在直流电的作用下,电解小室里的氢离子和氢氧根离子作反向运动,并分别在负极和正极上得到和失去电子变成原子、分子,从而把水分解成氢气和氧气。所产生的氢气、氧气连同电解液分别进入氢、氧分离器,与碱液分离、洗涤和冷却后进入纯化装置或贮气罐(柜);碱液则经冷却、过滤返回电解槽。电解液的循环可分为自然循环和强制循环两种。

1. 自然循环

电解液的自然循环,是依靠电解所产生的气泡的向上升力,以及电解过程所产生的热量使碱液和气体的温度急剧上升产生的向上推力完成的。对于自然循环的电解槽而言,其气、液孔,包括气、液通道都应宽畅,便于气泡及时上升和外排,以降低电解液的含气度,以及碱液及时补充。这样设计的电解槽其体积相对较大,目前仅有小型电解槽采用,其优点是不需要碱液循环泵。

2. 强制循环

如今的压力电解槽,其电解小室的阴、阳极之间,以及主、副极之间的间距已经非常小,再加上主极板的乳状突出也很密,所以当电解发生时气体和碱液的流动阻力较大,就必须用碱液循环泵强制循环,冲刷电极表面,降低电解液的含气度。根据经验,电解过程的碱液循环量控制在每小时 2 倍于系统总碱量为佳。强制循环又可分为混合式循环、分立式循环和单侧循环。

(1)混合式循环。由氢、氧分离器出来的碱液,合并在一起经加压、冷却、过滤,最后被同时送入电解槽的阴、阳两侧。此法设备简单,使用较多。

(2)分立式循环。分立式循环就是从氢、氧分离器分别出来的电解液在运行中相互不混合,经过各自的循环泵、冷却器、过滤器和流量计等,分别回到电解槽的两侧。

(3)单侧循环。美国 HM 系列电解水制氢设备,没有氢侧的气液分离器,由电解槽氧侧出来的气液混合物在氧分离器里进行分离,经碱液循环泵、冷却器、过滤器和流量计后单独送到电解槽的阳极侧,阴极侧不直接进电解液,也就是电解液只在氧侧循环流动。其阴极侧压力高于阳极侧压力。

德国鲁奇公司的电解槽,其循环返回电解槽的碱液是先进入各电解小室的阴极侧,其中部分碱液再经主极板上的小孔进入阳极侧。

4.2.2.4　电解用水的补充

在电解过程中,应及时向分离器补充纯水,使液位始终保持在规定的范围内。运行中如果出现液位过高或过低,都可能发生氢氧相互穿透。

常压电解槽的补水,是用离心泵把纯水加压打到高位水箱,再靠水的重力作用流到电解系统中。压力电解槽的补水是采用容积泵,如柱塞泵、隔膜泵、齿轮泵等加压,把纯水送到氢综合塔的洗涤段,既可用来洗涤产品气中夹带的碱雾,回收了碱液,又提高了自身的温度。在重力的作用下,水穿过不锈钢丝网层、筛板小孔,进入气液分离器。其余的补充水则可通过中心溢流管下落到氢分离器的底部,最后通过碱液循环送到各电解小室。补水泵的开与停,是依靠安装在氢分离器里的差压变送器(注:分离器是密闭容器,因变送器测量的液体压力除了随液体高度变化外,还受到上部气体压力的作用,这就需要把上部气体压力和下部液体压力进行比较,才能测出液位的高度,所以必须用差压变送器)先进行液位高度测量,并产生标准的 $4 \sim 20$ mA 电流信号,通过安全栅输入PLC 进行控制的。经过与设定的液位上、下限报警和连锁值进行比较,产生输出信号来控制补水泵的开、停及连锁报警。液位上、下限报警及连锁值的设定,可在人机界面上进行。

由于压力电解槽内的压力较高,为了防止系统内的气体和碱液在补水泵停运期间逆向外喷,在补水管线设置了止回阀。但由于止回阀动作频繁,容易造成止回功能失灵,包括内部密封圈磨损、弹簧失效或有杂质进入,不仅使气、液外漏,而且可能造成氢气、氧气通过补水管相互串通。所以应根据实际情况每两个月检查、清洗一次止回阀,或采取单侧补水,防止事故发生。

目前用于压力电解槽也有无动力补水,即源于常压水电解槽制氢装置的高位水箱,再增设中间压力平衡水箱向氢分离器补水,完全自动控制,无须人为操作。

4.2.3　其他操作

1. 测量极间电压

正常运行时,每周测量电解槽极间电压一次,每次测量时保持固定的电解液温度和电流强度,以便于比较。正常情况下各电解小室的电压分布应是较平均的,其数值一般在 $1.6 \sim 2.0$ V。如果出现异常,应及时分析原因,排除故障。

2. 测量电解液浓度

每周测量电解液浓度一次。如浓度过高,可退出一部分碱液,再向槽内加注纯水。如浓度过低,可停止向槽内加纯水,改加碱液,直至达到规定的范围。

电解液的浓度高低应根据运行温度确定，使其具有最高的电导率。

3. 清洗过滤器

由于电解过程有杂质产生，尤其是石棉会产生胶状沉积物，并有纤维脱落，为了确保电解液循环的畅通，应定期清洗过滤器，特别对新投入运行的电解槽，更应增加清洗次数。清洗前应先打开过滤器的旁通阀，关闭进、出口阀，方能开启过滤器。

由于清洗过滤器是一项经常性的工作，操作人员在恢复使用时，可能会忘记打开过滤器的进口或出口阀，这就造成电解液被阻断无法回到槽体内，而这时槽体里的电解液还在源源不断地伴随着氢气、氧气外流，使氢、氧分离器的液位不断上升（往往被误认为是满水故障），而各电解小室内的电解液却在不断减少，其浓度、温度和电阻都越来越高。由于不容易被及时发现，就会发生系统炸开、热碱外喷、隔膜粉化等极其严重的事故。所以，在过滤器重新投入运行后，应立即检查碱液循环量是否正常。

4. 水电解槽的清洗

电解槽在运行过程中不仅需要不断地加入纯水，还要及时补充碱液，就会有杂质被带入槽体内；槽内本身也会有石棉纤维脱落，材质腐蚀、老化等现象，时间一长槽体内部不可避免地有沉积物。有些用户的清洗方法是：排出电解液后，通入自来水，然后向外排放，然而这样有害无益，原因如下：

（1）槽体内除主流通道外，绝大多数杂质根本就排不出来。

（2）自来水里存在大量钙、镁、铁、氯等离子，会形成碳酸钙、碳酸镁沉淀，反而污染了槽体，堵塞了进液、出气小孔，降低了电导率。

（3）往温度高的槽体加入冷的自来水，会使槽体迅速收缩而发生渗漏。

（4）既浪费了碱液，又污染了环境。

正确的方法应该是：

（1）保证固碱纯度，特别要确保纯水质量，防止杂质进入系统。

（2）定期清洗过滤器。

（3）不能用自来水清洗槽体。

（4）必要时，用铜管制作清洗工具，控制瓶装氮气压力，卸开槽体的一些部位，冲洗槽体的每一个小室及角落。

4.2.4　可能出现的问题及处理

1. 因整流变压器进线电压过高或过低引发故障

进线电压无论是380 V、6 kV、10 kV还是其他，其波动范围都应在5%以内。如果电压过高,很可能把整流柜内相序继电器烧坏,造成缺相报警而停车;如果电压过低,也会极不稳定,常常引起超限,使整流柜的电流突然降到零。

2. 电解系统漏碱、漏气

电解槽及附属设备在经过长时间运行后,某些部位会出现渗漏。此时应停槽检修,根据实际情况夹紧槽体,或补漏、更换零、部件。更重要的是,要积极采取预防措施:

(1) 尽量减少电解槽的开、停次数,防止因热胀冷缩产生的渗漏。

(2) 加强电解液的循环,根据实际情况定期清洗过滤器,防止发生堵塞。

(3) 消除附属设备和管线上出现的直流串电电流,正确选择所属器件的材质,防止电化学腐蚀的发生。

3. 电解槽的短路

电解槽的槽体是由各电解小室和夹紧装置,包括拉杆、端板等组成的,各组件之间都存在电位差,而且有的电压很高。电解槽的短路现象有的发生在槽体内,也有的发生在槽体外。槽体内的短路有时是因为金属杂质的沉积使不同电位的两点之间形成通路;有时则因小室的进液或出气孔被堵塞,使小室内的液位下降,极间电压上升,最后使阴、阳极之间击穿打火,严重时甚至打穿槽体。槽体外的短路往往发生在检修后开车送电时,原因是槽体上的金属杂物没有被清除,有的部位因潮湿使绝缘不合格,或没有用绝缘垫隔离。运行中也有因漏碱使两个相互靠近而又具不同电位的零、部件之间发生短路打火;或由于碱液的连接使螺杆带电,这样本应通过各电解小室用于电解反应的大电流,转由螺杆导电,与位于槽体另一端的电极之间发生短路打火。以上这些短路情况,都应紧急停槽处理。

4. 电解槽的极间电压不正常

如果电解槽的极间电压普遍过高,除了与槽体的材质、结构和性能有关外,可能还与电流过大、电解液温度过低、浓度太高或太低、杂质(主要是碳酸盐)含量过高,以及过滤器堵塞使电解液循环不畅等有关。

如果是个别小室电压过高,原因可能是小室的进液孔或出气孔被堵塞,使小室内缺少电解液;也可能是电解液在小室内结晶凝固。如不及时处理,极间电压将不断上升,最后使该小室严重击穿打火,烧坏极板和隔膜。更有可能是阴极表面的还原物质沉积太多,电阻增大,或电极严重腐蚀、损坏,使电极的有效导电面积减小。

如果极间电压呈现有规律性变化,如靠近两侧的高,而靠近中间的低,那可能是电解槽的气、液道成了电流的大通道,使通过各电解小室的电流强度发生递减和递增的变化,这是外气道、外液道型电解槽的情况。

5. 电解液温度过高

在电解过程中,升高电流或冷却水压力降低、水温升高、流量变小,以及电解液循环不良,都会使电解液温度升高。当有自动温控装置而出现温度过高时,可能是因为冷却水流量太小、水温太高,或温控失灵。

6. 电解液浓度快速降低

若电解液浓度快速降低,很可能是因为碱液冷却器出现漏孔,因其为腐蚀多发点。由于常压型电解槽的运行压力小于冷却水的压力,所以冷却水通过漏孔流入电解系统,使电解液变稀。对于压力型电解槽,泄漏时其电解液由漏孔流向冷却水,此时纯水泵就大量补水。如果冷却水的 pH 值升高,用手指试验时感觉湿滑,就说明压力槽的冷却器已漏。如果能彻底消除直流串电电流,水电解系统的腐蚀问题,就能解决了。

7. 气体压力不稳定

在直流电的作用下,水电解槽源源不断地生产出氢气、氧气,气体压力的高低是靠外界设置不同的阻力实现的。常压型电解槽的压力,主要是依靠气体穿过液柱和气柜配重形成的。一侧阻力升高或降低,会使这一侧分离器的液位降低或升高;与此同时,另一侧分离器的液位则升高或降低,从而使槽体内氢、氧两侧的压力达到新的平衡。此时可检查液位低的一侧系统内是否有积水、堵塞;液位高的一侧气体有否排空。还可采取逐段测压的方法检查,分析判断故障点。

压力型电解槽气体压力,是依靠薄膜调节阀形成的。压力电解槽的运行压力是自动控制的,当运行压力超过设定值时,会通过自动控制装置将出口调节阀打开,这样,制氢系统的压力就能始终保持在规定的范围内了。如果压力变送器、差压变送器出现零点漂移、器内积水、参数整定不合理或气动管路有漏点、阻塞,也会引起气体压力不稳定。

除外部原因外,氢、氧两侧压力不稳定以及分离器液位波动,还与电解液内部循环不畅有关。

8. 气液分离器液位波动大

气液分离器液位波动大的原因可能有:

(1) 氢、氧的薄膜调节阀参数有问题;

(2) 氢、氧分离(洗涤)器的筛板堵塞:可能是因有杂质、碱(因错误的补碱,或因超压使碱液从分离器下部经溢流管逆流反压到筛板），或因长期停槽；

（3）氢、氧气体冷却器内漏；

（4）碱液过滤器堵塞；

（5）压力变送器、差压变送器、调节阀等信号管线故障。

9. 气体纯度下降

气体纯度下降的原因可能有：

（1）隔膜质量不符合要求，或破损；

（2）主极板（隔板）破损；

（3）槽体内密封不良；

（4）槽体内部气、液道被堵塞；

（5）槽体内太脏，沉积物太多；

（6）氢、氧两侧压差过大；

（7）分离器的液位过高或过低；

（8）碱液循环量过大或过小；

（9）碱液浓度过浓或过稀；

（10）原料水或碱液纯度不合格；

（11）分析仪表有问题。

4.3 水电解槽的腐蚀

水电解制氢设备的腐蚀其实历来就存在，无论是常压型电解槽还是压力型电解槽，不同的槽型、规格，各有不同的腐蚀部位和程度，但可以防止腐蚀的发生。

4.3.1 腐蚀的表现

目前，压力型电解槽的槽体腐蚀，其现象是内部损坏、渗漏，如端极板、中间极板的普遍开裂等，这要看气体纯度是否能维持到大修，以及大修时需要更换的零、部件数量。而现在最突出的问题是对外渗漏，集中发生在附属框架里的设备和管道中（图4-4）。

腐蚀现象涉及设备的正常运行，压力容器的安全，昂贵的更新费用和良好的企业形象，越来越多的专业人士专题论述此问题，而且已经将此问题写进了国家标准。电解槽的腐蚀问题，已经成为水电解行业十分突出的问题。

(a) 分离器　　　　　　　　　　　　　　　　(b) 冷却器

(c) 端压板　　　　　　　(d) 碱液过滤器　　　　　　(e) 阀门

图 4‑4　水电解系统的腐蚀现象

4.3.2　原因分析

　　归纳多种观点,腐蚀的原因被解释为"氢腐蚀、氢脆""氧腐蚀""气蚀""碱腐蚀、碱脆""应力腐蚀"等。如此说来,与氢、氧、碱液接触的部位都应该被腐蚀,也应该包括槽体,氢、氧储罐,碱缸,而且被腐蚀的程度也应该是均匀的。而氢脆的先决条件必须是高温和高压(如温度为 370℃、压力为 9.8 MPa),否则氢脆作用就不明显。若是"应力腐蚀",那么另一端的封头为何不会被腐蚀? 而被腐蚀的部位为何也不见大裂纹? 用碳钢制作的分离器其封头和焊缝为何都不渗漏?

　　为了深入探究腐蚀的机理,不妨看看事例。

　　例 1:20 世纪 60—70 年代,因为当时我国的电解槽单台产氢能力太小,而电子行业用氢量较大。为了降低成本,于是出现了用一台整流变压器带多台电解槽和用一台整流器供多台电解槽的配置。这导致整流器正极端与负极端的输出和输入电流竟相差 250 A,几台电解槽共用的碱液管串电电流高达 40 A,其后果是不仅管道出现了严重腐蚀,而且原来大修期为五年的电解槽,只运行了一年多就必须大修。他们最初怀疑是因为碱液纯度、运行温度,但换了碱液、降了温度仍未解决。

例 2:上海某研究院的前身氮气厂,其原料气($3H_2+N_2$)中的氢和生产氮气需要的燃料氢(氢在空气中燃烧去除大部分氧,再用铜催化剂清除残余氧气最后得到氮)都来自水电解,故建有水电解车间,共有 400 个直立的箱式 LEVEN 常压电解槽,每个槽的产氢量是 2 m^3/h,氧气充瓶外供。直到研究院成立,水电解车间依然运行。后虽改为空分制氮,又停止合成氨生产,但水电解依旧生产,直到 1995 年才退役。同样是电解碱溶液,生产氢和氧,也有金属容器,但却不存在"氢腐蚀、氢脆""氧腐蚀""气蚀""碱腐蚀""碱脆"。

例 3:上海某研究院有三台 DY-125 型电解槽,一端接正极,另一端接负极,负极端的电压为零,连接管道。然而,其中一台电解槽的端电极零位置向内漂移了 3 块极板,于是连接管道的端头电压变为-6 V 左右。与另外两台电解槽相比,这台电解槽的碱管存在直流电,每运行几个月管道就会穿孔,而另两台没有出现此现象。

例 4:株洲某厂使用 ΦB-500 型电解槽,其形式后来改为 DY-125 型电解槽,各电解小室的气体经支气管进入分离器。电解槽的一端接正极,支气管与分离器之间的电压最高达+200 V;另一端接负极,支气管与分离器之间的电压最高达-200 V,槽体中部电压为零,此处对外连接管道。从总体腐蚀情况来看,以中间为界,电压高的一侧腐蚀支气管,因为各支气管的电位比分离器高,而分离器却完好无损;电压低的一侧腐蚀分离器,因为分离器的电位高于支气管,而支气管相对完好。

一次大修中,液道圈没有镀镍,改涂氯化聚醚,由于涂层被破坏,结果厚达 5 cm 的液道圈在不到两个月的时间里被腐蚀穿孔,正极侧严重腐蚀,负极侧完好无损。

由于腐蚀严重,自 20 世纪 70 年代开始,该厂将槽体附属的器件材质全部改为不锈钢。结果不锈钢器件出现了网状腐蚀,而且腐蚀深入槽体内部,包括极板、框架,连从未出现过腐蚀且足有 3 t 重的冷却器也出现了大面积渗漏。其结果是电解槽的大修周期从四年缩短到一年多,而且必须更换大部分组件,导致大修费用大幅度增加。

例 5:晶闸管整流器是普遍使用的直流电源,其整流元件必须用冷却水降温。有一个共性的问题,是与塑料软管相连接的冷却水管的接头,其交流电侧不腐蚀,而直流电侧在短期内即被腐蚀,严重时水嘴一个月更换一次。这里既没有氢、氧,也没有碱,更不可能有"氢脆""碱脆",但这里的水管内存在直流电。如果将冷却管内的自来水换成纯水,腐蚀问题就被解决了,这是因为自来水中有导电的离子,而纯水因电阻大而基本不导电。

例 6：以固体聚合物为电解质（SPE）的纯水电解槽，当控制电流为 0.1 mA 直流电流时，系统就会出现腐蚀；而当把直流电改为交流电后，就没有腐蚀现象。

例 7：目前普遍使用的压力型电解槽，其附属框架里的设备原先使用 16MnR 钢，根据资料介绍，碳钢在 100℃的 25% NaOH 溶液中，年腐蚀量为 0.050 8 mm，20 年的腐蚀量应约为 1 mm，实际设计的预留腐蚀余量已超过了 3 mm。然而实际的腐蚀、渗漏严重程度，都远远超出了这个范围。自 20 世纪 90 年代以来，为了防止设备腐蚀、渗漏，并提高设备的档次，将框架内的设备，包括连接管道，全部改用不锈钢材质。但从运行的情况来看，其腐蚀程度不但没有好转，反而变得更加严重、复杂。渗漏较多发生在分离器的封头处，而框架内所有与碱液接触的组件，包括碱液循环泵、冷却器、过滤器及管道全部腐蚀。具体事实是："基本上每台螺旋板冷却器都被腐蚀"，"新冷却器运行三个月就穿孔"，"冷却器内的不锈钢水管使用寿命仅为 1～2 年"，"过滤器内的滤片腐蚀严重"，"循环泵内的轴套、轴承、推力板等有烧灼的痕迹"，"管道经常泄漏"，"两台新增电解槽的四个分离器，运行三个月全部发生渗漏，腐蚀的特征为蜂窝状"。从以上实际情况可看出，压力电解槽附属框架里的设备被腐蚀，这是明显的电化学腐蚀。其根本原因是这些设备与带直流电的电解槽连接，使直流电流流经了这些设备。如果不与槽体连接或槽体不通电，就不会产生腐蚀。实践证明，无论是分离器或冷却器，与槽体连接，就会发生腐蚀，因为其金属元素比溶液中的 OH^- 更容易失去电子。

有人曾用钳形安培表对包括鲁奇在内的多台电解槽进行测量，现将其中有代表性的三台电解槽上测得的直流电流列于表 4-1～表 4-3。这些直流电流就意味着寄生电解，其结果是产生杂气和腐蚀。

表 4-1　A 电解槽的管道电流　　　　　　　　　　　单位：A

管道名称	电流	管道名称	电流	管道名称	电流
槽左侧氢气管	1.6	槽右侧氢气管	2.0	氢气管（合）	2.0
槽左侧氧气管	1.0	槽右侧氧气管	2.1	氧气管（合）	0.5
槽左侧碱管（氢）	0.5	槽右侧碱管（氢）	2.2	氢碱液管（合）	0
槽左侧碱管（氧）	0.5	槽右侧碱管（氧）	1.0	氧碱液管（合）	2.8

表 4-2　B 电解槽的管道电流　　　　　单位：A

管道名称	电流	管道名称	电流	管道名称	电流
槽左侧氢气管	6.4	槽右侧氢气管	—	氢气管（合）	3.8
槽左侧氧气管	6.8	槽右侧氧气管	—	氧气管（合）	4.2
槽左侧碱液管	5.0	槽右侧碱液管	6.0	碱液管（合）	3.0

表 4-3　C 电解槽的管道电流　　　　　单位：A

管道名称	电流	管道名称	电流	管道名称	电流
槽左侧氢气管	2.3	槽右侧氢气管	2.3	氢气管（合）	1.5
槽左侧氧气管	1.5	槽右侧氧气管	1.4	氧气管（合）	1.5
碱液管（左 1）5.6（左 2）10	左合 6	碱液管（右 1）7.4（右 2）5.0	右合 1.5	碱液管（合）	4.4

相对于普通钢铁而言，不锈钢不容易生锈，它以优良的性能和华丽的外表深受大家喜爱。但能否把不锈钢用在严重电化学腐蚀的场合呢？值得探讨。例如 304 不锈钢，其成分大部分是 Fe，还含有 Mn（≤2%）和 Cr（18%～20%）。根据金属的化学活动性顺序表，其中最活泼的是 Mn，其次是 Cr。在直流串电电流的大环境里，不锈钢成分里的最活泼金属失去电子而进入溶液，也就是被腐蚀掉了。因为这种腐蚀是有选择性的，总体来看，金属机体变成蜂窝状、网络状，而且这是经过探伤检测证实的。事实表明，不锈钢分离器的腐蚀集中在 1/4 象限里，此处正是阳极腐蚀，而且这种腐蚀还在继续延伸向冷却器、循环泵、过滤器等。所以，应该彻底切断直流串电电流，从根本上解决水电解系统的电化学腐蚀问题。这样，不仅不需要经常维修、更换，而且可以进一步延长电解槽的大修周期，确保设备能长周期无故障安全运行。

4.4　水电解节能

水电解过程的能源消耗很大，想方设法节约宝贵的能源、降低水电解制氢的电耗，具有非常重要的意义。

4.4.1 降低极间电压

水电解生产氢、氧的电能消耗，包括电解槽部分的直流电耗和电源部分的损耗，其中直流电耗占了总电耗的 90％以上。因此设法降低电解槽的直流电耗至关重要，目标就是要降低极间电压。

$$直流电耗＝电解槽能耗/氢气产量＝\frac{IV_c t \times 1/1\,000}{4.18 \times 10^{-4} Int\,\eta} = \frac{IV_j nt}{0.418 Int\,\eta} = \frac{V_j}{0.418}$$

式中，I 为槽电流，A；V_c 为槽电压，V；V_j 为平均极间电压，V；n 为电解小室数；t 为时间，h；4.18×10^{-4} 为每安培电流在每个电解小室里每小时的产氢量，$m^3/(A \cdot h)$；η 为电流效率，％。

在上式推导过程中，将槽电流（I）、电解小室数（n）和时间（t）都约掉，又由于现代水电解槽的电流效率（η）接近 100％，所以电解槽的直流电耗只与极间电压有关，可以直接用极间电压来计算氢气的直流电耗。

影响极间电压的因素很多，具体地说有氢的理论分解电压、氧的理论分解电压、氢的超电压、氧的超电压、电解液的电压损失（包括气泡效应）、浓差极化，以及隔膜、电极、接点的电压损失等，其数值大小取决于电解槽的性能和运行工艺。为了降低极间电压，从电解槽本身来看，除阳极采用镍外，还可在阴极表面增大反应面积和加镀二硫化三镍活化层，改变阴、阳副极的形状，并最大限度缩小它们之间的距离，改进隔膜材质及结构，采取压力下电解，不仅能降低电解液的含气度，而且能降低氢、氧分别在阴、阳极上生成时的超电压。关于电解设备方面的改进措施，已经在第 3 章讨论过。从工艺角度出发，可选用导电能力强的电解质溶液作为电解液，现在一般都采用氢氧化钾，并控制最佳的浓度和运行温度，加速电解液的循环，采取低电流密度经济运行来降低极间电压。在日常管理中，应减少电解槽的开、停次数，减少放空，防止事故发生。在实施分时电价的地方，还应充分利用低谷电，降低成本；可适当提高制氢设备的生产能力，特别是提高储罐的容量。下面着重讲述在电解液中加入添加剂和电解槽在低电流密度下的经济运行。

4.4.2 在电解液中加入添加剂

据文献报道，国外研究过的添加剂有 $K_2Cr_2O_7$、V_2O_5、NH_4CNS、$(NH_2)_2CS$、$NaMoO_4$、$(NH_4)_2SO_4$、$(NH_4)_2Mo_7O_{24} \cdot 4H_2O$ 等，国内也进行过大量研究，各项实验数据见表 4 - 4、表 4 - 5。

表 4－4　添加剂实验数据

添加剂	加入量/g	效果/V	最佳量/g(%)
V_2O_5	5～15	降 0.22	9(0.2)
$K_2Cr_2O_7$	5～13.5	降 0.12	9(0.2)
Co_3O_4	1～4	降 0.22	2(0.05)
$PaCl_2$	3	升	—
$LiOH$	0.1～0.3	升	—
La_2O_3	4.5	无变化	—
CoS	4.5	无变化	—
$(NH_4)_2SO_4$	2～100	无变化	—
CaO_7	2	无变化	—
Ta_2O_5	2	无变化	—
$(NH_2)_2CS$	2～100	无变化	—
$(NH_4)_2Mo_7O_{24} \cdot 4H_2O$	9	降 0.05	—

实验条件：镍板电极间距 5 mm，电解液 25% NaOH，温度 80℃，电流密度 0.2 A/cm^2。

表 4－5　添加剂小型试验数据

A 槽		B 槽		C 槽	
添加剂/g	电压/V	添加剂/g	电压/V	添加剂 g	电压/V
空白	2.37	空白	2.44	空白	2.31
V_2O_5　　9　　13.5	2.17　2.15	Co_3O_4　　2.5	2.24	空白	2.33
V_2O_5　13.5 Co_3O_4　2	2.10	Co_3O_4　　3.5	2.18	空白	2.34
V_2O_5　13.5 Co_3O_4　4	2.09	Co_3O_4　3.5 V_2O_5　　5	2.11	空白	2.35

续　表

A 槽		B 槽		C 槽	
添加剂/g	电压/V	添加剂/g	电压/V	添加剂 g	电压/V
V_2O_5　13.5 Co_3O_4　6	2.05	Co_3O_4　3.5 V_2O_5　9	2.07	Co_3O_4　1	2.25
V_2O_5　13.5 Co_3O_4　8	2.05	Co_3O_4　3.5 V_2O_5　9	2.05	Co_3O_4　2	2.17
				Co_3O_4　3	2.17
V_2O_5　13.5 Co_3O_4　8	2.04	Co_3O_4　3.5 V_2O_5　9	2.05	Co_3O_4　4	2.17

试验条件：镀镍孔板电极间距 5 mm，3.5 mm 石棉隔膜，电解液 25% NaOH，温度 80℃，电流密度 0.25 A/cm²。

五氧化二钒是一种黄色的粉末，易溶于碱而生成钒酸盐，具有强烈的氧化性。较多文献报道，V_2O_5 对阳极没有影响，主要作用于阴极，降低氢在阴极上的超电压。根据实验可知，V_2O_5 具有聚集氢气碎小气泡变成大气泡的功能，使氢气从电解液中分离的速度加快，从而降低电解液的含气度，达到降压节能的目的。但五氧化二钒是国家严格控制的剧毒物品，而且在运行中需要定期补充，不能直接对外排放，这是必须严格执行的。

4.4.3　水电解槽的低负荷经济运行

20 世纪 70 年代初，有人曾提出水电解槽运行负荷对直流电耗的影响这个课题。假设需要 250 m³/h 氢气：一种运行方式是开一台 ΦB - 250 型电解槽，输入 6 000 A 电流；另一种方式是开两台同样的电解槽，各输入 3 000 A 电流。这两种运行方式都能产出 250 m³/h 氢气，但它们的槽电压、功率和直流电耗却不同，见表 4 - 6。

表 4 - 6　同样产量两种不同运行方式的比较

氢气产量 /(m³/h)	运行槽数 /台	槽电流 /A	槽电压 /V	功率 /kW	直流电耗 /(kW·h/m³H₂)
250	1	6 000	230	1 380	5.50
250	2	3 000 3 000	204 204	612 612	4.88 4.88

两种不同的运行方式,氢气的直流单耗相差 0.62 kW·h/m³。后来在 ΦB-500 型电解槽上作进一步试验,结果见表 4-7。后来成立试验小组,开一台 ΦB-500 型和两台 ΦB-250 型电解槽,分别经满负荷和半负荷各 4 h 的实际运行,并从变电所的总电表、氢气流量表和气柜储气量(考虑了温度)读数,求得两种情况下的总耗电量和总产气量,最后得出了与试验数据相同的实际效果。

表 4-7　ΦB-500 型电解槽电流强度与电压、直流电耗的关系

电流/A	槽电压/V	平均极间电压/V	功率/kW	产氢量/(m³/h)	直流电耗/(kW·h/m³H₂)
5 750	370	2.31	2 128	385	5.53
5 200	360	2.25	1 872	348	5.38
4 000	350	2.19	1 400	268	5.24
3 750	340	2.13	1 275	251	5.10
3 200	329	2.06	1 053	214	4.93
2 700	320	2.00	864	181	4.78

根据上表数据,图 4-5 给出了该槽电流与平均极间电压、直流电耗的关系。

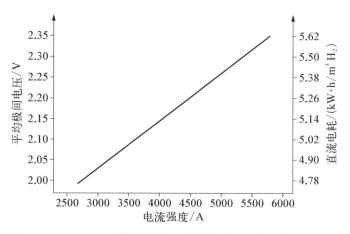

图 4-5　ΦB-500 型槽电流与平均极间电压、直流电耗的关系

从上表、图可以看出,随着槽电流的降低,电解槽的电压、功率、产氢量也随着下降,其直流电耗也随之下降,而且下降的幅度很大,这就为水电解生产大幅度节能开

辟了途径。那么,水电解在低负荷下运行为什么能大幅度节电呢? 其原因主要有两点:一是超电压的影响,这是因为氢、氧的超电压都是随着电流密度的降低而减少,并与电流密度对数成直线关系,即塔菲尔公式;二是电阻电压的作用,即随着电流密度的降低,电解液、隔膜和金属导体的欧姆压降随之降低,特别是电解液中含气度的气泡效应起着主导作用。

电解过程的能耗除了电解槽的直流电耗外,还包括电气部分的电能损耗,虽然它只占总电耗的不到 10%,但由于总量大,又是长年累月连续运行,因此其损耗也是很大的。电气部分的能耗是由变压器、整流器和线路几方面构成的,其中变压器的损耗最大,且有节能潜力。变压器的损耗包括两部分,其一是铁损(P_{Fe}),它与负载无关,当外加电压和频率确定后,P_{Fe} 为常数;其二是铜损(P_{Cu}),它是原、副线圈通过电流时产生的,且与负载电流的平方成正比。变压器的铁损、铜损、效率(η)与负载电流的关系如图 4 - 6 所示。变压器存在着一个最佳负载,此时其效率最高,而且在此负载下其铜损等于铁损。变压器的最佳负载一般为额定值的一半左右,此时其效率最高,见图 4 - 7。

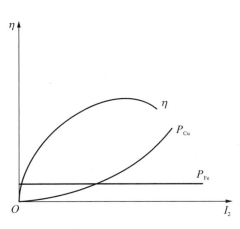

图 4 - 6　变压器的铁损、铜损、效率与负载电流的关系

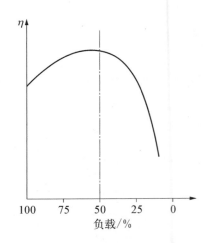

图 4 - 7　变压器效率与负载的关系

由此可见,当电解槽低负荷运行时,整流变压器的输出电压、输出电流都随之降低,这样与输出电流平方成正比的铜损降低较多,达到了节电效果。根据经验,变压器在低负荷运行时能提高效率 3% 左右。

根据这条经验,在选配变压器容量时,在投资许可的情况下与其选择小容量变压器接近满负荷运行,还不如使用大容量变压器低负荷运行损耗更小。

从以上两方面分析论证和试验,得出如下结论:相对于额定负荷而言,电解水系统在低负荷运行时,其电解槽部分能大幅度降低直流单耗;其电气部分也有显著节电效果。至于在实际运行中低负荷的具体控制数值,则应根据现有设备的能力、性能、用户需要和电力供应情况进行全面核算。除了能大幅度节电外,电解槽的低负荷运行还有其他优点:

(1)有利于安全生产。这是因为无论是电气设备还是电解槽,它们在低负荷运行时都很少出现故障。

(2)有利于设备保养。电解系统一般都有备用设备,特别是电气设备,但备而不用,容易产生锈蚀、霉变。又因为电解槽频繁停开,会引起槽体热胀冷缩,使密封面渗漏。

(3)有利于调整本单位的用电负荷。在用电高峰时,将电解槽的负荷往下调,此时产、供气体的差额可由储气罐调节;在非用电高峰特别是低谷电时,可将负荷尽量往上调,把生产的多余氢气储存起来,这样使生产不仅不受或少受变化的影响,而且能节约大量电费,降低成本。一些国家的水电站、核电站就是采取在站内附设氢氧站的方法来调整用电负荷和储放能量的。

从国外一些水电解槽制造厂家提供的资料来看,如德国 Demag 公司的 EV - 150 型电解槽,运行负荷从 9 000 A 下降到 4 000 A 时,氢气的直流电耗能从 4.6 kW·h/m³ 下降到 4.05 kW·h/m³;挪威 Norsk Hydro 公司生产的电解槽,其运行负荷从 5 000 A 降到 3 000 A 时,氢气的直流电耗则从 4.03 kW·h/m³ 降低到了 3.95 kW·h/m³。我国拥有几百家电解水生产氢的单位,每年生产出数千万吨氢气,如果都能在节能降耗、降低成本上采取措施,那么效果无疑是十分可观的。

第 5 章 氢 气 纯 化

水电解制取的氢气、氧气纯度一般分别在 99.7% 和 99.3% 以上。那么,氢气、氧气中的少量杂质是怎么产生的呢? 笔者认为,根据目前的设备情况,在正常的电解过程中,除了在阴、阳极上产生氢气、氧气外,还存在寄生电解。即凡是与电解液接触又具有不同电位的金属之间,很多都达到了分解电压而产生氢气、氧气(或高电位腐蚀)。

(1) 当电解槽启动试送电压时,各小室正负极之间还没有达到分解电压,但此时有电流显示,而且在靠近阴、阳极两端的气、液道有气泡冒出。虽然相隔较远,但它们之间已经达到分解电压。当负荷较低时,气体纯度也较低。

(2) ΦB - 500 型电解槽是外气、液道型,没有气道圈,其液道圈上侧有一根管,其作用是将圈里的杂气外排。此电解槽生产的氢气纯度远大于 99.9%。

(3) 用绝缘膜把各电解小室的气、液道及周边金属全部覆盖,在这基础上制作成小型电解槽,和采用纯塑料聚砜制作水电解槽槽体,这两种电解槽的氢气纯度都可达到 99.984%,即可消除绝大部分寄生电解。

氢气中除了含有杂质氧气外,还含饱和水分,不能满足现代工业的需要。例如:硬质合金涂层工艺,要求氢气露点低于 $-75℃$,含氧量小于 0.5 ppm;半导体材料硅的生产,对氢气中的含氧量要求小于 5 ppm,露点低于 $-50℃$,否则氧气会溶解在硅里,改变单晶硅的电阻率,甚至导致导电类型改变。又如金属高温热处理、粉末冶金、微电子电路、光导元件、化学合成等生产过程,如果氢气中含有少量氧气或水分,高温下就会使原材料发生氧化,这是因为高温下金属能直接与氧化合,也能夺取水中的氧形成氧化物,将严重影响材料的质量。随着生产的发展和技术的不断进步,氢气的应用范围越来越广泛,工艺过程对氢气的纯度要求也越来越高。

工业上纯化电解氢的方法主要是催化脱氧,加压冷冻脱水和吸附干燥,使氢气中的杂质残存量小于 1 ppm,露点不大于 $-80℃$,这已能满足许多行业的需要。

5.1　催 化 脱 氧

催化脱氧可用来除去氢气中的杂质氧。其设备简单、操作方便，是目前工业上脱去氢中氧的主要方法。

5.1.1　催化脱氧的原理

一般情况下，氢气与氧气难以发生反应。催化脱氧就是利用催化剂，使氢气和存在于气体中的杂质氧气发生化学反应生成水，从而达到除掉氧气的目的：

$$2H_2 + O_2 \xrightarrow{\text{催化剂}} 2H_2O + Q$$

所谓催化剂，是指那些在化学反应中能改变其他物质的化学反应速率，而本身的质量和化学性质在反应前后都没有发生变化的物质。为什么催化剂能够加快氢气和氧气之间的反应呢？这与催化剂本身能大量吸附、溶解气体的性质有关。当催化剂吸附、溶解了大量气体后，等于把气体浓缩了，这就增加了氢、氧分子相互碰撞进行化学反应的机会；而当一些氢、氧分子发生了化学反应，放出的热量使温度升高，又促进其他氢、氧分子进行化学反应。

在工业上 90% 以上的化学反应需要使用催化剂来完成，固体催化剂也叫触媒，其作用极其重要。氢与氧的催化反应速度比较快，几乎都在催化剂表面进行。要提高反应速度，就得增大催化剂的表面积，使氢与氧在催化剂表面有良好的接触条件。故催化剂的比表面积很大，一般每克有三四百平方米。

催化脱氧的气体流速，通常用空间速度来表示。所谓空间速度，就是单位体积的催化剂，在单位时间里最多能处理的气体体积，单位为 m^3气体/(m^3催化剂·h)，简化为 h^{-1}。

5.1.2　催化剂及其性能

用来制作脱氧催化剂的物质，是具有最高活性的元素，它们大多是元素周期表中第Ⅷ类重金属，如钯(Pd)、铂(Pt)、银(Ag)、镍-铬(Ni-Cr)、铜(Cu)等，把这些金属负载在多孔性物质(载体)上。常用的载体有浮石、硅藻土、活性氧化铝、分子筛、硅胶、活性炭、碳纤维、半导体粉末等。制作方法有机械混合、浸渍、共同沉淀、离子交换等方法。所制得的催化剂必须有合适的形状、一定的表面积、足够的机械强度、良好的化学稳定性和耐热性。

以往用分子筛作载体的脱氧剂,如 105 型钯分子筛,是用钯负载在 A 型分子筛上加工制作而成。该催化剂因 A 型分子筛和钯不能很好地结合,又极易吸水,而且使用时必须对原料氢预先进行干燥,否则会影响催化剂的活性。另外,105 型催化剂在使用前应进行活化处理,其方法与分子筛使用前活化相同;活化后吹冷至常温,再以空速 10 000 h⁻¹ 的氢气常温还原。因为该催化剂对贵金属含量要求高,否则容易失效,而且使用时操作复杂,现基本已被淘汰。

20 世纪 70 年代开发的以碳纤维为载体的钯催化剂,如 159 型钯催化剂,抗水性能较好,脱氧程度也较深,但因成本过高,市场应用受到限制。

还有一种以 N 型半导体为载体的钯催化剂,该载体能与金属钯很好地结合,高温下催化剂也不容易被烧蚀,对 H_2S、SO_2、Cl_2、NH_3 等杂质有一定的抗毒能力,抗水性能也比较好,堆比重在 $1.1\sim1.2\ g/cm^3$。

根据用户对氢气纯度的要求,选择合适的催化剂。催化剂的需要量(G),可根据下式来计算:

$$G = \frac{V}{\omega}\gamma$$

式中,V 为需纯化气体体积,m^3/h;ω 为催化剂的设计空速,h^{-1};γ 为催化剂的堆比重,kg/m^3。

也可根据催化剂的处理能力来计算:

$$G = \frac{1\ 000V}{n}$$

式中,n 为催化剂的处理能力,$m^3/(kg \cdot h)$。

5.1.3　脱氧器

原料气的催化脱氧是在脱氧器里进行的。脱氧器通常为直立圆筒形,其高度与直径的比值一般取大于 3。石化行业从国外引进的脱氧器,见图 5-1。其中间有效部位为扁平状,容器上、下部位各为相互对称的喇叭形,脱氧剂放在带网的筛板上,面积大而厚度小,其高径比仅为 0.08。这种设计可降低气体在脱氧器里的

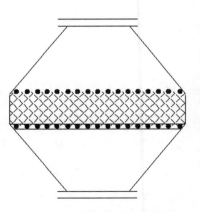

图 5-1　催化脱氧器示意图

流速,降低气体的阻力。为了防止松动,脱氧剂的上、下部位都有小瓷球。

当氢气中含氧量为 1% 时,催化反应热可使气体温度升高 160℃,所以在原料气中含氧量较高时,应特别注意催化剂的过热。为此,可在脱氧器的进口端催化剂层中加入导热性能好的耐火材料,如用黏土碳化硅、刚玉等稀释催化剂,加长催化反应段。为了安全生产,原料气的脱氧量不应超过 3%。脱氧器顶部应设防爆孔,底部应设排污阀。在非正常生产时,特别是在系统吹扫时,气流应不经过催化剂而走旁通管。脱氧系统见图 5-2。

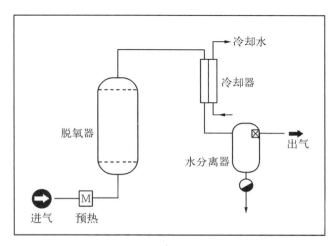

图 5-2　脱氧系统图

进入脱氧器的原料气中不能有碱(来自电解槽,应在制氢环节洗涤干净)、油(来自压缩机),一旦被污染,脱氧效果就会迅速变差,甚至失活。在脱氧器投入运行后,应注意进、出口气体的温度,因为温度是随着原料气的初含氧量和催化反应的效果而变化的。禁止含氧量大于 3% 的原料气进入脱氧器。此外,必须保持系统正压,防止空气倒吸。当脱氧器停止运行需要检修时,应先降低温度并用氮气将脱氧床层的氢气彻底吹扫干净,才能让催化剂接触空气。否则,吸附有大量氢气的催化剂与空气接触,会发生爆燃,还使脱氧剂粉化。

5.2　加压冷冻脱水

常压下水电解制取的氢气经过压缩,其中部分水蒸气就会变成液态水,可以达到初级脱水。

5.2.1 压缩脱水

由于原料气被压缩后会有大量的水汽被液化,所以相对常压气体而言,压力下的气体其含水量显著降低,压力露点与常压露点换算见图5-3。图中横坐标为常压露点(℃),纵坐标为压力露点(℃),斜线是在不同的压力下测得的表示二者关系的数据,单位为bar。由图可以看出,10 bar压力的气体,如果其温度为30℃,它的常压露点则为-5℃。

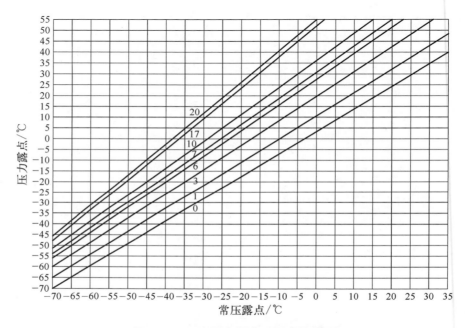

图5-3 压力露点与常压露点换算图

由于气体压缩后体积变小,又有大量水汽被液化,而且吸附剂在压力下的吸附能力增强,所以压力型氢气纯化设备体积很小,也不需要预先冷冻除水,氢气的露点很容易达到工艺要求。

5.2.2 冷冻脱水

传统工艺是先制冷冻水,再用它来冷却氢气,这样做的结果,不仅现场环境差、成本高、能耗高,关键是氢气经冷却后含水量偏高,而且易随季节、设备状况而波动,直接影响产品气质量。德国Elino公司规定,在常压下氢气冷冻后的露点是4℃;美国Li Tungsten公司规定,在0.2 MPa压力下氢气冷冻温度是5℃,此时氢气的常压露点已是−8℃。以上都采用了冷干机,将氢气直接送到制冷机里,先预冷再深冷,见图5-4。这就把氢气中所含的绝大部分水汽,冷冻成液态水后再分离,确保进入吸附器前的氢气干燥度。

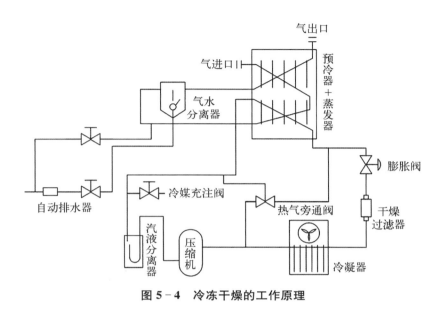

图5-4 冷冻干燥的工作原理

5.3 吸 附 干 燥

在压缩、低温冷冻脱去气体中的大量水后,用多孔性固体吸附剂进行深度吸附干燥。

5.3.1 吸附的基本概念

吸附是用多孔性的固体吸附剂处理气体混合物,使其中所含的一种或数种组分被吸附到固体表面而达到分离的过程。吸附过程主要是由于固体表面能的作用,其机理较复杂,有物理和化学两种因素。一般说来,吸附过程都是放热的,所以降低温度将有利于吸附的进行,提高压力也有利于吸附的进行。吸附剂对于各种溶质的吸附能力,是随着溶质的沸点升高而变大,因高沸点的物质容易凝结。氢气中含有少量的氧和水蒸气,氢气、氧气和水的沸点分别是−252.7℃、−183℃和100℃,相互之间的差值很大,它们的混合物在与吸附剂接触时,首先是高沸点的水蒸气被吸附,同时放出大量的热,而氢几乎不被吸附。

虽然所有的固体表面对流体都具有吸附作用,但符合工业需要的吸附剂必须具有巨大的内表面,而其外表面仅占总表面的极小部分,故可把它看作一种极其疏松的固态泡沫。现分别介绍氢气纯化中几种常用的吸附剂。

5.3.2　几种常用的吸附剂

1. 活性氧化铝

活性氧化铝是由 $\gamma - Al_2O_3$ 或它与 $\chi - Al_2O_3$、$\eta - Al_2O_3$ 的混合物,在 600℃ 以下脱水制成的。它的比表面积取决于原料、煅烧温度和加热时间。作为吸附剂的活性氧化铝,吸水能力强,比表面积一般在 300 m^2/g 左右,其机械强度和热稳定性也较好。

2. 硅胶

硅胶是无色、微黄色玻璃状多孔结构的固体,具有很大的内表面,一般在 500 m^2/g 左右,十分亲水,是一种很好的吸附剂。它的分子式可写为 $mSiO_2 \cdot nH_2O$。

硅胶的制造过程是用硅酸钠溶液(水玻璃)与硫酸或盐酸作用,使混合物凝结成冻胶,再用水洗去盐类及过量的酸,然后干燥、破碎、筛分而成。根据内孔径大小,硅胶可分为粗孔硅胶(孔径为 15～20 Å)和细孔硅胶(孔径为 10 Å)两种。粗孔硅胶的吸附性能较差,主要用来在水蒸气和气体含量很高时吸附,以及用来净化液体,也可作催化剂载体。细孔硅胶在温度低、气体含湿量高、相对湿度大、流速慢的情况下具有良好的吸附性能,用来吸附气体中的水蒸气或其他杂质气体,可用作水电解氢的吸附剂。为了防止破裂,在粒状的细孔硅胶中常常加入 4%～10% 的氧化铝。硅胶在遇到大量水时,会发生崩裂现象而变成粉末状。

用作干燥剂的硅胶有时加入二价钴盐而成变色硅胶,用来判断吸水程度。这是因为二价钴盐在无水状态时呈蓝色,但在溶液中或含水时则为红玫瑰色。$CoCl_2 \cdot xH_2O$ 在逐渐吸水时颜色变化非常明显:

x	0	1	1.5	2	4	6
颜色	浅蓝	蓝紫	暗红紫	淡红紫	红	粉红

3. 分子筛

分子筛由粉末状多水合硅铝酸盐晶体加入黏合剂后塑合而成,呈米白色或土红色,其化学通式为

$$Me_{x/n}\left[(Al_2O_3)_x(SiO_2)_y\right] \cdot WH_2O$$

式中，Me 为通常为金属，如钠、钾、钙、锶、钡等；x/n 为能置换的阳离子数；W 为结晶水的分子数。

这种泡沸石晶体内部含有大量的水，加热脱水后形成许多大小相同的微孔，具有很强的吸附能力，能把比孔径小的物质吸收到孔内，但不能吸附大于孔径的分子，从而把大小不同的分子分离开来，起到筛分分子的作用，所以叫分子筛。分子筛在吸附时，是根据气体分子的极性、不饱和度和极化率进行选择的，对极性分子和不饱和度大的分子具有很强的吸附力。水是极性很强的分子，分子筛对它有强烈的亲和力。分子筛不溶于水及有机溶剂，具有很高的抗毒性及热稳定性，在 700℃ 下能保持其晶格及性能不被破坏，且具很高的催化活性。但它能溶于强酸、强碱，所以分子筛应在 pH＝4～12 范围内使用。

目前人工合成的分子筛主要有 A 型、X 型和 Y 型三种。根据分子筛的孔径和性质不同，A 型分子筛又分为 3A（钾—A 型分子筛）、4A（钠—A 型分子筛）、5A（钙—A 型分子筛）及其他。3A 表示分子筛微孔直径为 3 Å，即 0.3 nm，4A、5A 依此类推。水分子的直径为 0.289 nm。

分子筛在使用前先要进行活化处理，一般活化温度在 450～550℃（常压），或 350℃（真空度 0.1～1.0 Pa），如通气流活化则温度可降低。活化时间应根据分子筛的数量而定，在活化温度下，1 cm 层厚的分子筛通常保持 15 min 再生时间。由于分子筛本身是热的不良导体，如需活化的数量较多，则活化时间需相应增加。变色分子筛的活化温度不能超过 350℃，不然会影响变色能力。

5.3.3　吸附剂的性能比较

活性氧化铝、硅胶和分子筛的特性见表 5－1。

表 5－1　各种吸附剂的特性

特性参数	吸附剂		
	活性氧化铝	硅　胶	分子筛（4A、5A）
密度/（kg/m³）	1 600	1 200	1 100
堆比重/（kg/m³）	750～850	500～700	650～750

续　表

特性参数		吸附剂		
		活性氧化铝	硅　胶	分子筛(4A、5A)
比热/[kcal/(kg·℃)]		0.24	0.22	0.24
机械强度/%		＞93	＞90	＞70
颗粒形状		粒状、柱状	粒状、球状	条状、球状
粒度/mm		3～7	4～8	$\Phi4、\Phi4～6$
比表面积/(m²/g)		100～400	220～700	700～900
平均孔径/nm		4.0～10.0	2.0～10.0	0.3～1.0
吸附过程要求		恒温	恒温	恒温
进口气体温度/℃		＜35	＜35	＜40
设计吸附容量/%		4～6	5～8	7～14
饱和吸水量/%		20～25	40～80	22
再生温度/℃		250～300	180～220	200～400
空塔线速/(m/s)		0.1～0.3	0.1～0.3	＜0.6
接触时间/s		5～15	5～15	5～15
最小吸附层高度/m		—	—	0.76
最大吸附层高度/m		1.5	1.5	1.5
吸附层高径比		2～5	2～5	2～5
露点温度/℃	完全再生	－60	－60	－90
	不完全再生	－40	－30	－60

　　对于相对湿度低、温度高、流速快的气体,活性氧化铝和硅胶的干燥能力要大大降低,但分子筛仍有较高的吸附作用,可使气体深度干燥和纯化,它们之间的性能比较,见图 5-5、图 5-6 和表 5-2、表 5-3。

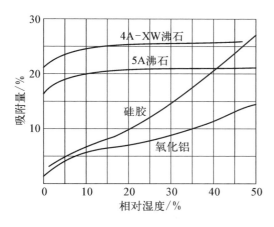

图 5 - 5　吸附剂的吸附量与气体
相对湿度关系(25℃)

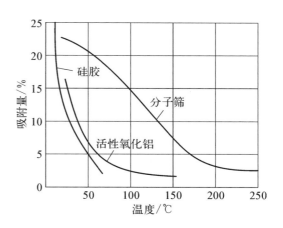

图 5 - 6　温度对吸附剂的吸附量
影响(0.1 kPa)

　　从图 5 - 5、图 5 - 6 可以看出,对相对湿度低于 30% 的气体进行干燥时,分子筛吸水能力比活性氧化铝和硅胶有明显的优越性。工业上在处理湿度大的气体时,目前一般先用加压或冷冻的方法除去大部分水,再用分子筛深度脱水。

表 5 - 2　吸附剂在不同温度下的吸附量　　　　　　单位:%

吸附剂	温度/℃						
	25	50	75	100	125	150	250
活性氧化铝	10	6	2.5	<3	<1	≈0	—
硅　胶	22	12	3	<1	≈0	—	—
分子筛	22	21	18.5	15	9	6	3.5

表 5 - 3　气体线速对吸水量的影响

	气体线速/(m/min)				
	15	20	25	30	35
硅胶吸水量/%	15.2	13.0	11.6	10.4	9.6
分子筛吸水量/%	17.6	17.2	17.1	16.7	16.5

　　从表 5 - 2 可以看出,吸附剂在不同温度下的吸附量。从表 5 - 3 可以看出,随着气流速度的提高,分子筛的吸附容量降低程度要比硅胶小得多。

氢气纯化后要用管道把纯氢输送到使用点,导管的材质对纯氢的含水量有较大的影响。根据中科院应用化学研究所的实验,经过硅胶脱水后露点为-70℃的纯氢,以 4 L/s 的流速通过 1 m 长的不同导管后,测得含水量,数据见表 5-4。

表 5-4 不同导管对纯氢露点的影响

材　质	时　间									
	15 min		30 min		45 min		60 min		90 min	
	露点/℃	水分/%	露点/℃	水分/%	露点/℃	水分/%	露点/℃	水分/%	露点/℃	水分/%
薄橡胶管	-15	0.189	-38	0.023 5	-38	0.023 5	-39	0.021 0	-39	0.021 0
厚橡胶管	-31	0.045 2	-34	0.023 8	-34	0.023 8	-34	0.023 8	-36	0.029 4
硬橡胶管	-30	0.050 3	-33	0.036 4	-33	0.036 4	-33	0.036 4	-33	0.036 4
聚乙烯管	-64	0.001 1	-64	0.001 1	-64	0.001 1	-64	0.001 1	-66	0.000 9
玻璃管	-68	0.000 7	-68	0.000 7	-68	0.000 7	-68	0.000 7	-68	0.000 7

从上表可以看出,橡胶管不能用来输送纯氢。管路系统的材料和组成结构所产生的影响是十分明显的,钢管、铜管内表面氧化物的存在,氢和氧化物中氧的作用,会使氢中含水量增加。如在某氢氧站的三塔纯化装置出口,检测氢气露点,结果分别是制造厂提供仪表:-83℃;另一个仪表,用不同连接管① 1 m 长不锈钢管:-73℃,② <1 m 长塑料管:-58℃,③ 约 20 m 长塑料管:-29℃。

实践证明,高纯气体输送管路采用不锈钢材料较为理想,因为不锈钢对杂质及水分的活性影响较其他材料弱,耐腐蚀及机械工艺性、综合经济性都较好,可以达到百米以上输送高纯气体且纯度不衰减。

5.3.4 吸附剂的加热再生

吸附剂在常温或低温下进行吸附,当吸附达到饱和后,加热吸附剂,使被吸附的水分脱吸出来,再使其降温冷却。整个过程分为工作、加热和冷却三个阶段。加热再生的温度见表 5-1,一般说来温度越高,吸附剂的脱吸也就越快、越完全,残存含水量越少。但温度过高会使吸附剂的使用寿命相应缩短,吸附性能降低。反之温度越低,再生就越慢且不完全。所以加热再生的温度是根据各种吸附剂的热稳定性而选择不

同的范围。加热吸附剂的方法,可采用热气流加热并带走水汽。而气流的选择可以
是氢气本身,也可以另用氮气。用氢气作为再生气源,又可分为"过程气"和"产品气"
两种。所谓"过程气",是指纯化过程的气体,一般是经冷冻除水后,要求露点≤4℃。
它在系统中的流程有两种,一种是把由再生干燥器出来的高含水氢气经冷冻后,作为
加热干燥器的气源,也就是把它串联在纯化系统中;另一种是为加热干燥专设一个新
的循环系统,另配循环泵和冷却器。前一种流程应用较多,但当需要量变化太大时则
不能适应,因再生气量也随之变化过大,影响再生效果。后一种流程较多用在氢气回
收再生系统。当用户对氢气纯度要求很高时,必须用干燥的产品气再生才能达到最
终的氢气露点要求。因为有一部分产品气用作吸附剂再生,所以外送的氢气流量减
少。有氮气,且对氢中含氮无严格要求时,也可采用氮气作为加热再生气,这样容易
降低再生气的含水量,从而提高再生后吸附剂的干燥度。由加热干燥器排出的高含
水氮气再生气可直接排空。

　　再生气体的露点、再生温度对活性氧化铝、硅胶和分子筛加热再生后的残存含水
量影响,见图 5-7。例如,使露点温度为 0℃的再生气体在 150℃下均匀加热,活性氧
化铝的残存含水量为 1.5%,硅胶为 1%,分子筛为 5%。因为是平衡状态,即使延长
加热时间,其最终含水量也不会减少。

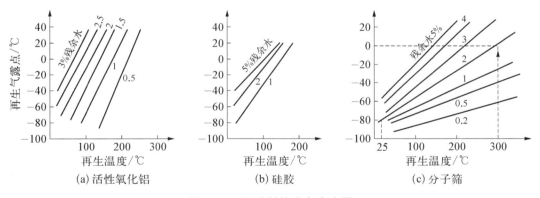

图 5-7　吸附剂的残存含水量

　　根据资料,使用 Linde 公司的分子筛时,如想在 350℃加热温度下得到露点为
-96℃的产品气,必须使用露点为-57℃的再生气(表 5-5)。

　　当吸附达到终点时,器内吸附剂的吸水量呈梯度分布,进气层面呈饱和状态,出
气部位还在吸水。加热再生气流的方向必须与工作时相反,即逆流再生。这样从吸
附剂脱吸出来的水汽不会被再次吸附,而是被气流带出,因后续的吸附剂都已饱和。
如果采取顺流再生,被脱吸的水汽将会被重新吸附,而且反复出现。又因水的汽化热

表 5-5　再生气露点对分子筛产品气露点的影响

200℃下再生		350℃下再生	
产品气露点/℃	再生气露点/℃	产品气露点/℃	再生气露点/℃
−96	−74.5	−96	−57
−89	−60	−93	−40
−86	−50	−91	−30
−82	−30	−88.5	−20
−76	−10	−87	−10
−72	0	−85	0
−70	10	−84	10
−68	20	−82	20
−60	30	−80	30
−57	40	−76	40

值很高,再生气所带的热量都被一次次消耗殆尽,将会严重影响脱吸时间和效果,多消耗能量。

干燥塔加热终点可根据加热气体出口温度来判断,即先很快地上升到一定值,此温度保持较长时间,此时热量被用来脱吸大量的水,当吸附水被基本脱吸有剩余热量后,温度又继续上升到较高值,直到不再上升,此时已是加热终点。

为了确保分子筛的吸附效果和使用寿命,碱性水电解制得的氢,必须先进行水洗。随着再生次数的增加,吸附剂的吸附能力最初会下降,但到一定程度后变化就不大了,所以一般情况下不需要更换。

用过程气再生的典型吸附干燥系统见图 5-8。原料气先

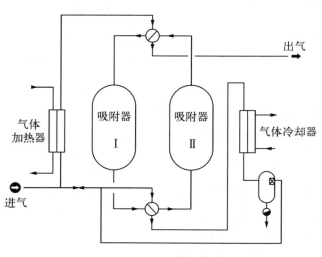

图 5-8　吸附干燥系统

经过气体加热器、上部四通阀,进入左侧的再生吸附器加热,带着水汽的再生气流经过下部四通阀至气体冷却器、气/水分离器除水,再经过下部四通阀至右侧的工作吸附器干燥,最后产品气经上部四通阀外送。两个吸附器的倒换,是靠两个四通阀同步旋转阀芯90°完成的。采用四通阀可使管线简化,操作方便,且长周期运行无故障。用过程气再生后的分子筛还含有少量(＜10%)的残存水,其产品气露点可以达到－60℃。

如果对气体露点要求较高,两塔工艺也能用产品气再生,使氢气露点达到－70℃以下。可以把电加热器放进干燥塔里,去掉冷却器、气水分离器和自动排水装置,并调整管线。当设备较小时,对少量加热再生氢气可采取放空的方法,并严格控制放空的时间和流量;如果不允许放空,则可将再生气送回管线。应防止倒塔后出现短时间露点升高和压力大幅变化现象。

目前三塔工艺使用比较多,而且是越来越多。其关键点是把用于再生的气体预先经过吸附干燥处理,即达到产品气再生的目的。用产品气再生和用过程气再生相比,分子筛的干燥度提高了一个数量级,所以三塔工艺的产品气露点可达－70℃以下。三塔工艺原理见图5-9。

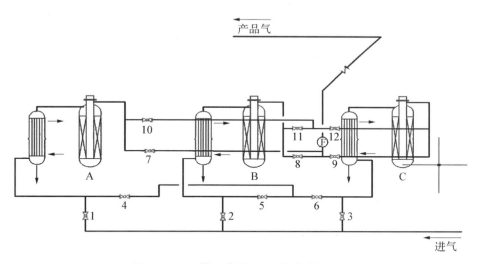

图 5-9　三塔工艺原理图(数字为阀门)

流程的第一塔是吸附塔,第二塔是再生塔,第三塔是工作塔。假定现在刚倒塔,气流经过三塔的顺序为:→A→B→C→,如倒塔间隔时间设为 16 h,A 塔是在连续16 h向用户供气后,转向再生塔 B 供气;B 塔是向再生塔供气 16 h后,进入再生状态;C 塔是经过 16 h 再生后,刚投入工作,向用户供气。这样再过 16 h,气体流经三塔的顺序依次变成了→C→A→B→。依次类推,顺序将是→B→C→A→,→A→B→C→……三塔的相互倒换,是依靠同时开闭多个阀门完成的。如果采用单向阀,就需要12个阀。当三塔流程为→A→B→C→时,气体先后流经第1→10→11→5→6→9阀,而第2、3、4、7、12、8阀关闭的。当塔倒换到→C→A→B→时,气流先后顺序是第3→12→10→4→5→8阀,而第1、2、6、9、11、7阀是关闭的。当倒换到→B→C→A→时,经过阀的顺序变为第2→11→12→6→4→7阀,第1、3、5、8、10、9阀是关闭的。如果采用三塔工艺,使用的是三通阀,就需要6个阀;如使用四通阀,就需要3个阀。

三塔流程与用产品气再生的两塔流程相比,其设施要复杂得多。本装置增加了一个塔,但每个塔都配了冷却器和自动排水器。而冷却器又要配进、出冷却(冻)水管,耗用水;各组自动排出的冷凝水要在室内挖坑集中后再外排。1.6 MPa的压力冷凝水外排的震动和响声极大,而且其间隔时间又很短。由于三塔需要倒换,又因进出塔的上、下方向也要变更,所以配备了12个气动球阀。每个阀门又需要2根压缩空气管作动力输送,这样就有24根管;而且管内必须非常干净,不能有油、水和杂质,连接必须紧密,否则,整个系统就会失控。任何细节出现问题,与用产品气再生的两塔流程相比,三塔流程的投资、设备的数量,倒塌的次数,相关的设施、占地、安装、调试、成本、日常维护量都将大幅度增加,产生故障的概率也大大增加。

例题:氢气流量为200 m³/h,工作压力为1.0 MPa,进气温度为10℃,问当再生周期为24 h时,需要多少5 Å分子筛?电热器的功率是多少?

解:

(1)分子筛用量

$$G = \frac{g_1 V T}{q_D} \times 1.3$$

式中,g_1为氢气在10℃时的含水量,9.2 g/m³;V为氢气的实际体积,

$$V = \frac{200}{10+1} \times \left(\frac{273+10}{273}\right) \approx 18.85 (\text{m}^3/\text{h})$$

T为工作周期24 h;q_D为分子筛设计吸附容量,10%;1.3为系数。

$$G = \frac{9.2 \times 18.85 \times 24}{0.1 \times 1\,000} \times 1.3 \approx 54 (\text{kg})$$

吸附器的表面积约2 m²,质量为200 kg。

（2）电热器功率

① 吸附剂所需热量

$$Q_1 = 吸附剂质量 \times 吸附剂比热\left(\frac{进气温度+出气温度}{2}-室温\right)$$

$$= 54 \times 0.24 \times \left(\frac{340+160}{2}-10\right) \approx 3\,110(\text{kcal})$$

② 吸附水解析热

$$Q_2 = 周期吸水量 \times 解析热$$

$$= 54 \times 0.1 \times 1\,200 = 6\,480(\text{kcal})$$

［解析热（kcal/kg H_2O）：氧化铝 850，硅胶 750，分子筛 1 200］

③ 吸附器所需热量

$$Q_3 = 吸附器材质比热 \times 吸附器质量 \times \left(\frac{进气温度+出气温度}{2}-室温\right)$$

$$= 0.11 \times 200 \times \left(\frac{340+160}{2}-10\right) = 5\,280(\text{kcal})$$

④ 吸附器表面散热

$$Q_4 = 吸附器表面积 \times 散热系数 \times (器外表面温度-室温)$$

$$= 2 \times (8+0.05 \times 50) \times (50-10) = 840(\text{kcal/h})$$

（散热系数 $K = 8+0.05 \times 吸附器外表面温度$）

⑤ 再生总热量

$$Q_总 = \left(\frac{Q_1+Q_2+Q_3}{周期中的加热时间}+Q_4\right)\frac{1}{\eta} = \left(\frac{3\,110+6\,480+5\,280}{18}+840\right)\frac{1}{0.7}$$

$$\approx 2\,380(\text{kcal/h})$$

⑥ 电热器功率

$$N = \frac{Q}{860} \times 1.2 = \frac{2\,380}{860} \times 1.2 \approx 3.3(\text{kW})$$

5.4　氢　气　再　生

在钨制品的生产中，钨的氧化物是用氢气还原成金属钨粉。为了使还原反应进行完全,确保钨粉的质量,在反应中必须流过远高于理论需要量的氢气,故应回收氢气,经过纯化后再利用。现在氢气再生装置结构越来越大,一套装置要供多台还原炉。近年来,我国钨行业的粉末冶金得到蓬勃发展。据自然资源部等数据:2021 年,全球钨资源储量约为 370×10^4 t,我国钨资源储量为 190×10^4 t,占比最大为 51%。2021 年,全球矿山钨产量为 7.9×10^4 t,我国矿山钨产量为 6.6×10^4 t,占比最大为 83%。钨是十分稀少又不能再生的珍贵资源,依目前已探明的储量和开采量计算,我国还能开采约三十年。

5.4.1　金属钨粉的生产

工业上先将钨精矿加工成白色的仲钨酸铵(APT)晶体,再经回转炉加热分解成氧化钨,我国以前是将 APT 转化成浅黄色的 WO_3。由于黄钨在还原过程中产生的水分多,而蓝钨的晶型和粒度分布更好,于是在 20 世纪 80 年代通过技术改造以后,改为转化成蓝色的氧化钨。其反应是:

$$5(NH_4)_2O \cdot 12WO_3 \cdot 5H_2O \xrightarrow{高温} 12WO_3(或 12WO_{2.9}) + 10H_2O + 10NH_3$$

根据蓝色氧化钨中的钨含量变化,颜色由浅变深、变红或发紫。典型的蓝色氧化钨其钨含量约为 79.5%,一般以 $WO_{2.9}$ 表示。在高温还原炉里,用氢气还原蓝钨,生产出深灰色的金属钨粉,见图 5-10、图 5-11。虽然蓝钨的晶型和粒度分布更好,但我国生产的金属钨粉粒度控制一直得不到很好解决,如产品粒度较粗且不均匀。其反应式为

$$WO_{2.9} + 2.9H_2 \xrightarrow{高温} W + 2.9H_2O$$

图 5-10　电镜中的钨粉　　　　图 5-11　深灰色金属钨粉

常见的还原炉有 4 管炉和 14 管炉(现在已有 15 管炉、18 管炉),分别是 20 世纪 50 年代和 80 年代开始在国内使用(图 5 - 12、图 5 - 13)。

图 5 - 12　4 管炉还原大厅

图 5 - 13　14 管炉(炉尾部分)

顾名思义,14 管炉有 14 根炉管,分成上、下两排。炉管长为 13.8 m,其中 7.5 m 是加热带,3.5 m 为冷却带,炉管内径为 $\phi 12.4$ cm。炉管内放入耐高温的金属舟皿, 舟皿长 45 cm、宽 9 cm,高度因层数不同而不同,有单层、两层,也有三层。按单层运行计算,每根炉管内有 27 个舟皿,则每台还原炉内就有 378(或 405、486)个舟皿。还原时,将蓝钨称重后分别装入 14×2 个舟皿中,由机械打开炉头的封门,全部舟皿被一次推入炉管内,然后关闭炉门。出产品时,分别手动打开炉尾封门,迅速拉出舟皿后,即关上炉门。接下来是将钨粉倒入料斗,用装有 200 目筛网的振动筛过筛。如生产碳化钨,后续工序是将钨粉和炭黑混合,再进行球磨、碳化。

以蓝钨作为原料,都是通过还原炉用氢气还原,国内外所生产的钨粉质量就有很大差距。有的钨粉质量好,而且非常稳定,可几十年免检;有的如形貌、粒度分布出现宽幅甚至双峰,尤其很难生产出高质量的细颗粒、超细颗粒钨粉。影响还原钨粉质量的因素有以下几个。

5.4.2 影响还原钨粉质量的因素

1. 炉温和炉温分布

还原炉内的温度通常分五带,根据所需的钨粉粒度,设定不同的温度组合,这些都是根据长期的经验数据进行自动控制、调节、记录的,炉内最高温度设计为 1 000℃。测温用的热电偶,其具体位置对测得的温度值有影响。就还原炉本身而言,虽然各根炉管内的实际温度不同,温度的控制值与还原反应时的实际值会有所差异,但温度组合一旦实施,是不会波动的。

2. 蓝钨装舟量

蓝钨的装舟量取决于所需钨粉的粒度,粒度越细,装舟量就越少。蓝钨是经过称重后装舟的,装入后还要扒匀,使其与氢气能充分接触。

3. 推舟间歇时间

推舟间歇时间,决定了蓝钨在炉管内的停留时间。间歇时间短,舟皿在炉管内停留时间也就短,一般控制在 15~30 min/次范围内。

4. 氢气流量

根据上述还原反应式,可以计算出所需氢气量,即每生产 1 kg 钨粉,理论上需要 0.354 m^3 氢气。但为了使还原反应完全,又能将产生的水汽和未离解的氨迅速排走,使还原过程有良好的保护气氛,实际流量为理论量的几倍、十几倍,甚至几十倍。所生产钨粉越细,氢气流量就越大。国外供应商为每台 14 管炉配套的再生装置,其能力是每小时供氢 900 m^3,也证实了这一点。

纯氢是从还原炉的卸料端进入炉管,逆流通过物料,最后从进料端流出的。在开启炉门进料和出产品前,氢气流量被降低。氢气的压力和流量的波动,使氢气在炉管里产生不同的流速。由于气体在不同的流速下,有滞流、层流和湍流之分,其质点的运动方向、速度有很大不同。因此,氢气与物料的接触时间、蓝钨的还原反应速度也就发生变化,会生成不同粒度的钨粉。此外,由于氢气的导热能力是空气的 7 倍,如果氢气流量改变,炉管内的温度也会随之改变。虽然设有炉温调节装置,而且误差很小,但调节是滞后的。这是因为热电偶测得的是炉管外的炉膛温度,而由流量改变导致温度的改变是发生在炉管内的。温差是从炉管内传导出来的,当热电偶测得温度后,才由控制系统通过改变电流大小,来调节炉膛温度,再传导到炉管内。因此,流量的波动会造成炉管内反应温度的变化,也会导致钨粉颗粒度的变化。

蓝钨在还原成钨粉的过程中,由于还原系统的用氢量是不断发生变化的,包括开、停还原炉,尤其是不断地进原料和出产品,需要开关炉门,使氢气压力、流量发生不断变化。金属粉末的颗粒度失控,最主要的原因是氢气再生装置没有强而有力的自动稳压措施。

5. 氢气露点

进入还原炉的氢气露点,要求达到 −70℃ 以下,所生产的钨粉越细,对露点的要求也就越高。由于冷冻水温度的原因,目前国内有些单位的氢气露点是随季节变化的。此外,氢气在炉管内的流速对露点影响也很大,这是因为还原反应不断地产生水汽。如果流速慢,炉管内会积聚水汽,甚至有液态水。在这种情况下,送入的氢气露点再低也无济于事。另外,有的氢气再生装置在用手工倒换干燥塔的过程中,会出现露点升高现象。这是由于手动倒换多个阀门时,实行先全部开启再逐个关闭的措施,使过程气直接外送。再有,如果倒塔后有一段时间出现露点升高的现象,是因为再生后系统内有积水,应改进设计。

综上所述,还原炉的炉温、蓝钨的装舟量和推舟间歇时间,都是经过长时间反复试验,有经验数据而确定的,是固定不变的。如果氢气的露点,特别是流量的持续波动,会直接造成钨粉的颗粒度和形貌的不断变化。

5.4.3　氢气再生装置

在蓝钨的还原反应中,氢作为还原剂,必须按工艺要求严格控制其反应条件。也就是说,不管生产情况如何变化,氢气再生装置必须按要求确保进还原炉的氢气压力、流量和露点保持恒定。氢气再生装置的优劣,不仅直接关系到安全生产、设备能力的充分发挥和能源的消耗,而且关系到金属粉末的质量,包括颗粒度分布和形貌的控制,甚至影响到整个后续产品包括硬质合金的质量和品位。下面,对国内外氢气再生装置的工艺控制和设施配置进行分析比较。

1. 系统压力

国外某公司为了使还原炉的氢气压力保持稳定,采取了三项措施:一是采用水环式鼓风机使整个再生系统的压力保持在 0.2 MPa;二是补充的新鲜氢气由多条管线进入系统;三是在还原炉的进出口处都设立了稳压装置。当确保还原炉的进口和出口的压力都为恒定,不管其他用氢设备如何操作,甚至有意外情况发生,靠稳定压差流动的氢气,其流量也必定是稳定的。

为了适应用氢量的变化,有的做法是:把用户端的氢气压力变化信号连接到鼓风机的控制系统,用变频调速的办法调节风机转速,以此来保持外送压力的稳定。结果是当外送流量变大时,氢气的压力就变小,鼓风机的转速就变快。但用户与鼓风机之间有很多大容量的设备,要改变整个系统的气体压力需要很长时间。而后流量又突然变小,压力太大,鼓风机的转速又变慢。如此现象反复出现。从 20 世纪 80 年代技术改造至今,进还原炉的氢气不稳定问题一直没有解决。

值得一提的是,14 管炉的氢气出口处设有箱式水封,其自上而下的内挡水板高度为 30 cm。由于再生系统控制不了系统的压力变化,则当压力增大时,水封箱就会向外喷水,跑气;当压力降低时,水封箱内的水和外界的空气,就很容易被巨大的抽力吸进再生系统,在还原岗位时就发生"放炮"现象,十分危险。如此生产出来的金属粉末质量肯定是不稳定的。

由于以前使用的四管炉没有配水封,系统是密闭的,所以问题没有暴露出来,压力大幅变化的现象被掩盖了,一直没有引起重视。另外,还原炉进料时,14×2 个舟皿被同时推入还原炉。为了减轻因开炉门引起的氢气压力的波动,还原炉供应商将进料舟皿改为 7×2 并分两次推入。不但没有平稳压力,反而成倍地延长了进料时间,更加影响产品质量。

2. 冷冻脱水

氢气脱水的步骤是,先采取冷冻的方法,将气体中的大部分水蒸气变成液态水后分离,再用吸附剂除掉微量水,不同之处在于第一步冷冻方法上。国外某些企业对冷冻结果都有明确规定,经冷冻后的氢气露点小于 4℃,这时氢气的含水量为 6.3 g/m³,其方法是用制冷剂直接冷冻氢气,而且进行了预冷和深冷,充分利用了冷量。而我们的做法几乎都是先用冷冻机制取冷冻水,再用冷冻水来冷却氢气。由于担心水会结冰,造成管路堵塞,往往规定冷冻水的温度为 5～7℃。这样一来,最后被冷冻的氢气温度有时高达 10℃,甚至更高。这时氢气含水量高达 9.4 g/m³,而且这个数据往往是个变量,特别是在炎热的夏天。在这种情况下,单靠分子筛吸附脱水就无能为力了。于是高含水量的氢气就流向了还原炉,"产品质量随季节变化"的说法就出现了。

3. 干燥塔阀门

由于吸附剂在吸水后需要加热再生,加热的气流方向必须与工作时相反,这是为了防止吸附剂反复出现解吸与吸附交替的现象。吸附剂经冷却后还要两塔倒换,就造成干燥塔的进出气管线和阀门比较复杂,以前的标准是 9 个单向阀。为了不出现断气,倒换时必须采取"先开后关"的办法。由于人工操作时间长,造成原料气直接进入了还原炉。现在改成了十几个自动蝶阀,由于蝶阀是硬密封,其精度的要求非常高,既要活动自如,又不能漏气。当十几个蝶阀同时动作时,系统内会出现短时间负压。如果有阀门该开而未被全部打开,还原炉会立即"放炮"。各种故障难以避免,包括阀门自身的问题、复杂的动力和控制系统等,都会直接影响安全运行和产品质量。实践证明,选择两个四通阀是比较理想的,既简单可靠,又瞬间完成了倒换,且没有串气现象。无论是自动倒换还是手动倒换,操作都较为简单,国外有单位几十年无故障地运行,所生产出的钨粉都是优等品,一直为免检。

4. 引进的氢气再生装置

硬质合金的生产属于粉末冶金。生产合金的粉末颗粒度分为细颗粒、中颗粒和粗颗粒,且颗粒均匀和有形貌的要求。但实际生产状况是"粗颗粒不粗、细颗粒不细",而且颗粒分布不均匀。为了提高金属粉末的质量,20 世纪 80 年代中期,为与 14 管还原炉配套,从国外引进了氢气再生装置。

理论上讲,被还原的金属粉末产品质量应该是可以得到保证的,因为引进设备是配套的,而且被还原的原材料蓝钨,其质量又是达到国际先进水平的。但事实并非如此,首先是新鲜补充氢气的压力。原始设计图上标的压力为 4.5 bar,但在给的设计图纸上就变成了 20 mmHg 柱。而且只有常压的补充氢气通过过滤器、截止阀、转子流量计(最大量程 70 m^3/h)和调节阀等一系列组件,才能进入再生系统。也就是在国外可以迅速补充 400 m^3/h 的流量,而此时最多只能补 70 m^3/h,才导致在全局供氢压力稳定的情况下,设计流量为 1 800 m^3/h 的氢气再生装置在只供一台四管炉(流量约 170 m^3/h),另一台 14 管炉在吹扫时,因无法瞬间补充大量氢气而产生负压,从而造成洗涤塔防爆孔爆燃,产生约 0.5 m 高的火焰。同时发现,引进的氢气再生装置自试车开始,其压力就一直处于波动状态。为了找到爆炸起火原因,据现场随机了解,有人反映:"转子流量计像跳舞""他们把一根非常重要的管道去掉了""运行时把鼓风机的循环阀打开了"。根据氢气的压力和流量波动情况判断,很可能是把用于压力自动调节的管道去掉了。另外，分子筛的加热再生是采用过程气，而不是产品气再生，从而影响产品气的露点。

我国 APT、氧化钨的纯度当前已达到国际先进水平，但中间产品金属粉末的粒度问题一直得不到很好解决，如产品颗粒较粗且不均匀。这主要是由生产工艺、设备和检测手段落后，以及工艺控制不严格造成的。这将直接影响后续产品的质量和应用范围，造成产品质量不稳定，产品品种不够齐全，特别是难以用于生产附加值较大的高档产品和高新技术产品。我国到目前仍无法扭转低价出口原材料和低档中间产品，而高价进口硬质合金产品的局面。

我国硬质合金产品质量问题的原因，文中已经明确是金属粉末的颗粒度。金属粉末是硬质合金的基础，如果金属粉末质量不好，那硬质合金产品的品位也将下降。问题究竟出在哪里？客观事实是，蓝钨在还原炉里用氢气还原制取钨粉时就出现了粒度问题。

鼓风机运行的转速和送气量是固定不变的，但每台还原炉在运行时的耗氢量是不断变化的，还有开停炉操作，而且供多台还原炉。当用氢量增加时，如不能及时补充氢气，系统的压力就会降低，而当补氢量严重不足时，会迅速产生负压，甚至发生"放炮"现象。反之，当用氢量减少时，因为没有自动返回设施，超量的氢气会使系统的压力升高，很容易冲开水封而跑气，就不能正常生产。也就是说，在化学反应中，因为参加反应的氢气的压力和流量在不断地变化，势必会造成生成物钨粉的质量也随之变化。引进装备的供货方，他们原设计的氢气再生装置是有压力自动调节设施的，在图纸和供货清单上都有编号及名称，引进后这些信息缺失。在这种情况下，有人在运行时打开了鼓风机的循环阀，这是取代了快速、精准而灵敏的自动控制。后果有：

其一，应确保再生装置有较高的氢气压力，而罗茨鼓风机的压力本身就很低，当风机的循环阀打开后其压力会更低。

其二，刚被压缩的氢气被立即循环返回，使装置的供氢能力几乎被"腰斩"，与铭牌上的数字不符。

其三，浪费大量宝贵的能源，还造成鼓风机发热。

其四，去掉了自动调节设施，导致系统内的氢气压力不断波动，使进入还原炉的氢气流量不稳定，势必造成金属粉末的颗粒分布和形貌失去控制，进而祸及整个后续产品的质量，包括硬质合金。

作为氢气再生装置，设计要合理科学，设备要简单实用，关键是要能生产出高质量的金属粉末，要确保颗粒度的分布高度一致，特别是细颗粒、超细颗粒产品。

氢气再生装置的各项指标有：

（1）装置的外供氢气能力，应该能够达到铭牌规定值；露点≤－70℃。

（2）为了确保安全生产和产品质量，补充氢气应该保证足够的压力；系统内的氢气应保持较高的压力。

（3）进还原炉的氢气压力不允许波动，必须保持恒定。

（4）为了确保外送氢气的露点，系统中应采用冷干机脱水，用产品气再生分子筛。

（5）应关注进还原炉的氢气管道材质，防止露点衰减。

从基本情况来看，目前国内的氢气再生装置几乎都是用过程气再生，因为产品氢气含水量偏高，所以很难生产出优质细颗粒、超细颗粒产品。有的装置不仅价格高、系统复杂、效率低，而且运行不稳定，故障、事故多发。"一套氢气再生装置最多只能带一台还原炉，不然所生产的金属粉末和最终的硬质合金产品质量都不行"，这是目前我国氢气再生装置的真实状况。氢气再生装置问题多，甚至连安全运行都很难做到。有的生产金属粉末的单位，不断投入资金，甚至先后建了三套不同的氢气回收再生装置，但运行的情况和产品质量还是不尽如人意。针对此问题，国外有专家指出，合金的质量在粉末，还原的问题是氢气。或是"金属粉末颗粒的大小分布和形状，会影响所制成零件的物理特性"。

根据实际检测，国际同行对金属粉末的粒度控制非常严格，用这种粉末生产的硬质合金产品其高温性能也非常稳定。

用氢还原蓝钨生产钨粉，再经碳化后用来生产硬质合金，但质量不尽如人意。某著名企业生产的合金产品，其 WC 的晶粒分布均匀，结晶完整，孔隙度小；合金的硬度高，红硬性好，强度和韧性好，耐冲击、耐腐蚀。硬质合金是工业的"牙齿"，被用在精密的机械加工，进行快速地切削；制作轧辊，其轧制的火红钢材运行速度是每秒几十米；被称为地下航空母舰的盾构机，靠的是头部刀盘上的几百把刀具。目前国内硬质合金产品仍以中低档为主，严重供大于求，导致国内企业之间低价竞争，产值和利润明显低于发达国家。另一方面，产品无法满足国内高端制造业的需求，高档数控刀片等高技术含量、高附加值的硬质合金产品仍需从国外进口。据中研产业研究院发布：2021 年我国硬质合金进口数量为 1 285.8 t，进口金额为 6.2 亿美元；2021 年我国硬质合金出口数量为 3 190.3 t，出口金额为 2.6 亿美元，硬质合金进口平均单价是出口的 6 倍。这些数据说明：我国的硬质合金产品与发达国家相比，除在产量上占有一定优势外，产品的品种、档次和质量几乎都处于劣势地位，且效益比较低下。现在，硬质合金精密刀具与芯片、光刻机、航空发动机等,成为我国严重依赖进口的 20 项产品之一,每一项都关乎中国制造的崛起和中华民族的复兴。

硬质合金生产是技术密集型行业。要提高硬质合金产品的质量,首先必须生产出高品位的金属粉末。国内的金属粉末与知名品牌产品的粉末有明显的差距,他们的颗粒度控制得非常严格。颗粒度的失控其源头就在还原工序,从还原炉出来的金属钨粉其粒度分布就是控制不好。究其原因,就是进入还原炉的氢气压力、流量和露点波动引起的。

我国是硬质合金生产大国,有得天独厚的钨资源和庞大的市场,特别是近几十年来培养了大批的各类人才,已经拥有丰富的经验。相信经过大家共同奋斗,一定能够创造出誉满全球的硬质合金品牌产品,实现成为硬质合金生产强国的梦想。

第6章 安全技术

安全第一,安全是每个人的责任,也是每个人工作的必备条件,因为安全是企业发展的基石。但安全是可以掌握的,任何意外与伤害都可以预防,并非不可避免。

6.1 可燃气的安全性

在系统内,所有可燃气与氧(空)气混合都可能发生爆炸,其程度取决于气体种类和混合比例。某些可燃气的性质,见表6-1。可以看出,氢的体积热量和密度都是最小的。

表6-1 某些可燃气体的特性

参　数	气　体												
	氢	甲烷	乙烷	丙烷	丁烷	乙烯	丙烯	丁烯	苯	乙炔	石油液化气	焦炉煤气	天然气
热量 /(kcal/m³)	3 044	9 510	16 792	24 172	31 957	15 142	22 358	30 038	38 729	13 968	25 900	4 360	8 650
密度 /(kg/m³)	0.09	0.716	1.342	1.968	2.595	1.252	1.879	2.549	0.879	1.17	2.35	—	—
燃烧温度/℃	530	645	530	510	490	540	455	445	—	—	—	—	—

6.1.1 在系统及封闭环境产生混合气

爆炸是由在瞬间产生巨大的热量,使体积急速膨胀引起的,其威力可以摧毁坚固的设备、结实的房屋,甚至厚重的路面。图6-1是氢氧混合发生爆炸后的现场。所以,对于生产、使用可燃气的人员来说,在正常生产时不仅要保证气体的纯度,而且必须保持系统正压,防止空气进入。另外,在停产检修前,必须进行吹扫置换,使可燃气的含量降到安全极限以下。即使是要废弃的设备,也要吹扫干净。另外,当可燃气泄

图 6-1 氢氧混合发生爆炸后的现场

漏到相对封闭的空间,如房屋、地沟等,与空气混合,同样会发生爆炸。

为了杜绝事故的发生,在任何时间、地点,都必须防止产生混合气。发生在系统内的可燃气爆炸事故,往往是由小故障引起的,大多是由于错误的处理方法,把小故障演变成大事故。可见,对可燃气体行业岗位培训迫在眉睫。

● **江苏某化肥厂** 报道的题目是:"氢气泄漏引起大爆炸"。一天下午,厂领导和厂里的工作人员正在车间巡查,忽然听到管道破裂声,随着传出气体泄漏时所特有的"滋滋……"声。由于泄漏之声太大,技术人员根本无法靠近机器查找事故原因。厂领导立即命令操作工关闭主阀、附阀,全厂紧急停车。大约过了 5 min,正当大家在讨论如何处理时,突然发生大爆炸,声如巨雷。10 m 高的千余平方米面积的厂房被炸成一片废墟,造成多人伤亡。报道的"事故原因:可能是循环机的某一部位、机身本体阀门、填料、管道等多处破裂,造成氢气大量泄漏。事故教训:应加强日常维护……加强监察……"

【点评】

(1)看了事故报道,心情十分沉痛,多么可惜,这是一次惨烈的不该发生的悲剧。

更为可怕的是,工厂工作人员,包括厂领导,以及专业杂志、报纸报道的有关人员,不知道大爆炸的真正原因,这就意味着同样的事故还会发生。

(2) 这是一起典型的因系统泄漏引起局部燃烧的故障,处理成恶性的化学性大爆炸事故。看一下事故细节:"……厂领导立即命令……关闭主阀、附阀……大约过了5 min……发生了大爆炸"。关闭了阀门,也就断了气源,虽然系统内压力较高,但最终会烧完,于是随后产生了负压,进了空气,形成了爆鸣气,时间正是 5 min。由于存在火源、高温,大爆炸就不可避免了。所以,这是错误、危险的处理,违反了系统中应保持正压、防止产生混合气的原则。

(3) 必须特别指出,多个专业媒体对这次事故的报道题目是:"氢气泄漏引起大爆炸"。因为气源没有出问题,还能够正常地、源源不断地供给,所以氢气在泄漏点是能够长时间燃烧的(其实氢气燃烧掉可防止在室内积聚)。

(4) 大爆炸的真正原因是:还处在故障的情况下,错误地关闭了气源,导致系统内产生负压,使空气从泄漏处进入系统内,形成了混合气,才引发大爆炸。

(5) 而广东某天然气公司的大型管道泄漏故障,厂方采取的方法是:先点燃泄漏的天然气,防止因漏出的气体发生燃爆,使该区域相对安全;再向系统充入氮气,再关闭气源,既保持正压又不断稀释燃气,直至火焰自动熄灭,这才是正确的处理方法。

● **辽宁某化肥厂**　2001 年 2 月 15 日,该厂由停产检修恢复生产。当晚 23:35,分析室化验员在关闭取样阀时,因管道腐蚀而被折断,此时大量氢气快速喷出,声音刺耳,现场无法解决,于 23:50 通知调度。调度到达现场后,再到厂外找厂领导。厂领导匆忙赶来,即发出了全厂停产的通知。17 min 后,也就是 16 日 0:07,压缩机突然发生爆炸,由钢筋水泥筑成的分析室夷为平地;一块重约 70 kg 的砖垛被抛至 30 m以外,离中心 60 m 范围内的建筑物玻璃全部震碎;2 名化验工死亡,其中 1 人被爆炸气浪冲到 10 m 以外的墙上;另一人被压倒在分析室门口,在火速送往医院的途中死亡。事故造成直接和间接经济损失 18 万余元。

【点评】

(1) 这次事故与上述江苏某化肥厂事故相似,都是化肥厂,故障泄漏声音很大,而且都是厂领导直接下命令停产后爆炸的。这种处理方法表面上是停产保安全,而实质上是切断气源导致了大爆炸。

(2) 报道的作者把事故的原因说成是"……因氢气喷出与空气混合而发生爆炸"。但为何是压缩机发生爆炸呢?而且这篇报道的题目是《一起分析室爆炸事故分析》,显然不符合实际情况。

6.1.2 可燃气泄漏在开放空间

可燃气体泄漏在开放空间,有的悬浮在空气中,如汽油、酒精的蒸气;有的下沉到地面,如石油液化气、乙炔、丙烯;有的迅速垂直上升,即氢气。

6.1.2.1 可燃气悬浮在空气中

很多可燃气体的密度与空气相近,一旦泄漏,将会悬浮在空中,遇到火源、静电等,就会瞬间发生爆燃。

● **华东某炼油厂化工研究室** 20 世纪 70 年代,使用 80 kg 汽油擦洗设备,当时采取了安全措施,在门口有专人把守。后开来一辆电瓶车,在门口被叫停,门卫命令其离开。就在电瓶车启动的瞬间,即发生大爆炸,造成多人死亡。

6.1.2.2 可燃气下沉到地面

有的可燃气体密度大,在空气中会下沉到地面,并长时间停留,不容易散去。因为密度大,会把氧气排挤出去,所以出事故时,都是瞬间燃爆。

● **华东某炼油厂** 20 世纪 70 年代,大球罐里存放的石油液化气(主要成分是丙烷、丙烯、丁烷、丁烯)需要定时放水。白班交班时此放水阀已经打开,四点班值班人员接班后忘记关阀门。直到发现空气中气氛不对,已为时已晚,方圆 300 m 内地面全是石油气。当时有人打电话说,闻到了液化气的味道,但他已经无能为力了。直到附近民工生火做饭,大难降临,造成多人死亡。

● **河北某化工厂** 2018 年 11 月 28 日零点 39 分 19 秒,发现容积为 5 000 m^3 湿式双层气柜钟罩断断续续快速往下降,储存的雾状氯乙烯向外汹涌而出,很快遮盖了厂内外很大区域。2 min 后,遇到厂外明火,即发生重大爆燃事故,见图 6-2。事故造成多人伤亡,并把停在附近的约 50 辆汽车烧毁,直接经济损失达 4 148.86 多万元。

【点评】

(1) 氯乙烯是易燃易爆气体,与空气混合的爆炸范围是 3.6%~33%。其密度为 2.84 kg/m^3,在空气中会下沉到地面,且毒性大,人吸入后会立即头晕、胸闷、乏力,甚至意识不清。

(2) 气柜的设计压力 4 kPa,然而双层钟罩的 U 形水封设计高度只有 350 mm,而

(a) 事故前

(b) 开始外漏

(c) 大量外漏

(d) 行人中毒即倒下

(e) 遇火爆燃

(f) 约50辆汽车被烧毁

图 6-2 事故过程

且会因有大风、储气量的快速变化,或因设施本身,钟罩易发生倾斜、卡顿,U 形水封里的水流失等,水封的实际高度会远低于储气的设计压力。

(3) 气柜的钟罩迅速下降,这说明钟罩原先被卡;大量气体外流,又说明水封严重缺水。

● **内蒙古某化工厂** 2019 年 4 月 24 日 2 时 34 分,容积为 5 000 m³ 双层湿式气柜因遇到大风出现卡顿,柜内压力达到 5.04 kPa,出现储存的氯乙烯泄漏,在低洼的电石车间遇火发生爆燃,见图 6-3。事故共造成 4 人死亡,3 人重伤,33 人轻伤,直接经济损失 4 154 万元。

(a) 开始泄漏

(b) 发生爆燃

(c) 气柜旁起火

(d) 火灾

(e) 事故后现场1

(f) 事故后现场2

图 6-3 爆燃事故过程

【点评】

（1）这是距河北某化工厂事故不到 5 个月时间又出现，且几乎完全相同的大事故，生产同样的产品，都是储存氯乙烯的 5 000 m³ 双层气柜发生泄漏，气柜的设计压力也是 400 mm 水柱，而且是同一个设计院设计。直接经济损失都是 4 100 多万元。

（2）所不同的是，把环形水封设计高度从 350 mm 提高到 480 mm 水柱，但还是没有封住。

（3）因为如此巨大的钟罩是双层浮动在水面上的，虽然有导轨控制，但客观实际有各种不同原因，如配重、润滑、大风等，气柜容易发生倾斜、卡顿、储气超压、负压、快速升降，还会造成水封缺水。这样，U 形水封很难封住气柜内的气体。

（4）套筒式钟罩储气柜应慎用，特别是储存比空气重的易燃有毒气体。

6.1.3　氢气是相对较安全可控的可燃气

在开放的空间，能以最快速度上升的可燃气就是氢气。

虽然氢气是易燃、易爆的气体，它与氧气、与空气混合会发生爆炸，其爆炸范围宽、点火能级小，不仅可以被明火、暗火，甚至可以被很微弱的火花点燃、引爆，但在所有可燃气体中，氢气是相对较为安全可控的可燃气体，因为：

（1）氢是最简单、最基本的元素，其质量最小，便于输送。

（2）在通常情况下，氢对设施没有腐蚀作用。

（3）氢对人体无毒无害，而且为了防病、控病，人们还吸入低浓度的氢气。

（4）在所有可燃气体中，氢的体积热值是最低的，所以在相同的情况下，氢的爆炸威力也是较低的。

（5）氢爆炸时只有瞬间的响声和火光，且被瞬间氧化而生成水。

（6）非常重要的一点是，氢的密度是最小的，具有最快的扩散速度，一旦泄漏，就会迅速垂直上升。如果在室内，只要在房屋最高处有足够面积的通风口，氢气就会立即排出房屋外；如果在室外，更不会形成可怕的爆鸣气，氢气就会立即上升并消失得无影无踪。

上述多起事故，如果泄漏的是氢气，就不会飘浮在空中，或下沉到地面，而是迅速向上飘走。也就是说不可能发生爆燃、火灾、中毒、伤亡等事故。为了防止爆炸事故的发生，最重要的是，不允许在系统内产生爆鸣气。

现在，氢作为二次清洁新能源快速登上历史舞台，已经成为汽车的主要动力，在路边要设立加氢站，将来还要进入千家万户。

"安全第一,预防为主,综合治理",这是我国的安全生产方针。安全生产是全方位的系统工程,氢氧站从站区选址、厂房建筑、工艺布置、设备选型、系统安装、操作运行和安全设施,都必须严格按科学办事,从源头上防范杜绝重大安全风险。

6.2　氢氧站厂房及设施的安全要求

氢氧站的房屋建筑及内部设施,是具有安全生产氢气和氧气的基本保证。

6.2.1　氢氧站厂房的安全要求

(1) 氢氧站属甲类生产,厂房应是为氢氧站专门设计的单层结构,其耐火等级不应低于二级。

(2) 气候炎热的区域,电解装置可以被安装在由柱子支承屋顶的半户外,可以打开三面,第四面用实体墙隔离电气房。如环境温度有可能低到冰点,那电解装置最好能安装在户内。

(3) 有爆炸危险的房间,其最高点必须有良好的通风,顶棚应平整,不能有死角。通风入口应位于外墙地面,出口应位于房顶或外墙制高点,入口和出口的开口面积应不小于 $1 \ m^2/250 \ m^3$。

(4) 如建筑物不能提供足够的通风开口,可采用强制通风,其风扇的进风应位于外墙的地面附近。

● **上海某玻璃厂**　因发现玻璃镀层板氢气中含有水分,某操作工对氢气管道上的气水分离器进行放水,原是用胶管排至室外,后胶管脱落。因该操作工离开,导致氢气排放在室内,但室内无通风、排气装置,且门窗关闭。下班关灯时发生了猛烈的爆炸,炸毁 107.5 m^2 厂房,两个房间的楼板震塌,框架结构的墙全部被毁,飞出的砖石将一棵大橡树切成三节……幸好已下班,两位操作工在门外受轻伤。从排水跑气到事故发生约 23 min。

【点评】

(1) 因氢气在空气中是迅速向上流动的,所以防爆间最重要的是房屋顶部有足够的自然通风面积,且不能有死角。

(2) 氢气放空必须排至室外,并注意排放点的安全。

(3) 有些工厂习惯在房顶设排风扇,即使是防爆型的,但很可能因电气、摩擦及锈蚀等原因反而成为点火动力。如果一定要强制通风,进风点应位于外墙的地面附近。

（5）为了减轻爆炸力度，不至于产生危险的飞行物，有爆炸隐患的厂房应是轻型结构，包括轻质屋盖、轻质墙体和易泄压的门窗。泄压面积与厂房体积的比值（m^2/m^3）宜采用 0.05～0.22，以上限为合适。

（6）有爆炸隐患的房间，其安全出入口不应少于两个，其中一个应直通室外，其门窗均应向外开启；不是直接通向户外的门，应该是防火结构和自动关闭的。面积不超过 100 m^2 的房间，可只设一个出入口。

（7）厂房应有足够的高度，以满足起吊、安装、维护和排热的需要，还应有足够大的面积，便于操作和维修。

（8）必须采取预防措施，保证氢气不能通过管道、管沟或缝隙进入非防爆间。

（9）为了保护操作人员人身安全，减少事故损失，充瓶间内应设高度不低于 2 m 的防护墙。

（10）氢氧站的防雷应符合 GB 50057－2010《建筑物防雷设计规范》的规定，不应低于第二类防雷建筑，应有防直接雷击、雷电感应和雷电波侵入的措施。

6.2.2　氢氧站电气的安全技术

（1）电解槽的供电和管线，应防止串电电流和寄生电解的发生。否则，不仅有电能损失、设施腐蚀，还会造成气体纯度下降，甚至被迫停产。

（2）晶闸管整流器具有体积小、效率高、调节方便和易于自动稳压等优点。但大功率晶闸管整流，如处理不当，会对系统和电网产生很大的谐波电流和谐波电压。硅整流具有波形好、工作可靠、维修方便和自动稳定电流等优点，使用比较广泛。

（3）晶闸管整流对输出电压的调节，是通过改变可控硅导通角实现的，导电前没有电流，导通后直流电流随导通角的变化而产生很大的畸变，导通角越小，所产生的谐波就越大。谐波不仅会使铜排、变压器产生严重发热、震动和噪声，而且还将危害公共电网，降低发电、输电及用电设备的使用效率，造成设备损坏、控制系统误动作，也会影响计算机、电视等电子设备正常工作。为此，整流装置所产生的谐波对电网的干扰必须控制在允许的范围内，应符合电力部门颁发的《电力系统谐波管理暂行规定》的要求。在氢氧站工程设计时，可采取多重整流电路，即可把 6 相整流改为 12 相或 24 相，能大大降低谐波；如果是多台设备，也可将变压器的电角度错开。还可改用硅整流再加带有分接头开关的变压器。对现有设备可采取电容补偿、有源电力滤波或有源、无源混合型滤波等方法。但后期改造投资较大，且影响设备产气量。

（4）整流器应配有专用整流变压器，以防止出现环流和整流器输出的偏流现象，起电气隔离作用,有利于保证生产安全、节能和延长水电解槽使用寿命。三相整流变压器绕组的一侧应按三角形接线,以消除三次谐波对电网的干扰。

(5)直流电源应具备调压和自动稳流功能,并应设置过流保护、超过预定值时自动停机装置。整流器的额定直流电压,其调节范围宜为 0.6~1.05 倍的水电解槽额定电压;额定电流宜为 1.1 倍的水电解槽额定电流。

(6)因局部断电或其他原因,会造成水电解槽附属框架上氢、氧气体出口的气(电)动薄膜调节阀关闭。如果此时整流柜仍在继续工作,电解槽所产生的氢气、氧气还在源源不断地产生,则整个制氢系统的压力会迅速上升,后果不堪设想。所以在控制柜里必须设置断电连锁、超压连锁报警装置。

(7)整流装置应设在与电解间相邻的电源室内,中间用砖墙隔离。

(8)有爆炸隐患的环境,其电气设备选型不应低于氢气爆炸混合物的级别;其电气线路的接地应按国家标准《爆炸和火灾危险环境电子装置设计规范》Ⅰ区的规定执行。

(9)在空气中由于氢气是向上扩散的,所以防爆间的照明应安装在低处,不得装在氢气释放源的正上方,导线应用钢管保护。建议采用荧光灯等高效光源,照明标准应是 200lx 或更高。

(10)氢氧站除有正常照明电源外,还应有事故照明电源。这样当正常照明发生故障或系统停电时,操作人员仍能从容处理。

(11)在防爆间里使用的电气开关、起动设备,应尽可能地装在邻近的非防爆间里。如必须在防爆间里设置开关、起动设备,则应选用防爆型。

(12)电解室里应设事故按钮,当发生紧急情况时,操作人员能直接切断电源,防止事态扩大。

(13)电解槽周围应设围栏,以保护槽体,防止人员被电击。

(14)在电气检修拆卸线路时,必须注意线路顺序,恢复接线时,绝不能改变相序。因改变相序,导致电解槽的两侧分别产生相反气体,出现事故。

● **陕西某厂**　电解槽供电的电气线路经检修后送电,5 min 后发生强烈爆炸,地沟盖板跳起,分子筛塔局部垫受损。原因是相序错误,电解槽的正负极性改变而产生相反的气体。

● **甘肃某厂**　因检修整流柜后将电源线接错,阳极接到电源负极上、阴极接到电源的正极上,导致电解槽该出氢的部位送出了氧气,该出氧的部位送出了氢气。在没有进行正负极性测量、气体纯度分析和爆鸣试验的情况下,将 $30\sim35$ m³氧气送进了氢气柜,与柜内原有的 25 m³氢气混合成了爆鸣气。当氢压机启动时,这个容积为 300 m³氢气柜发生了爆炸。

6.2.3　氢气管道的安全要求

6.2.3.1　氢气的流速

国标 GB 50177 - 2005 对氢气在管道里的流速作出了规定,见表 6 - 2。

表 6 - 2　碳素钢管中氢气最大流速

工作压力/MPa	最大流速/(m/s)
>1.6	10
0.1～1.6	15
<0.1	按允许压力降确定

注:氢气工作压力为 0.1～1.6 MPa,在不锈钢管中最大流速可为 25 m/s。

根据多次修改国家标准数据的状况来看,对氢气在管道中的流速限制在不断放宽。

2009 年 3 月,美国颁布了 ASME B31.12 氢气管道国家标准,也是世界上第一套氢气管道标准,这对全世界的氢气管道相关标准产生了重大影响,对我国也有重要的参考价值。ASME B31.12 标准对氢气在管道内的流速未作过多限制,而是允许设计人员根据工程实际需要确定方案,防止过高流速产生系统振动和引起的管内腐蚀及过高声压级。因此规定,氢气流速不得超过腐蚀速率。

另外,对 20 世纪 80 年代从德国引进的全套氢气装置进行测算,结果是:常压氢气在碳素钢管中的流速为 30 m/s。

原先限制氢气在管道中的流速,无非是因为氢气易燃易爆,怕摩擦起火甚至爆炸。假定管道里原先存在杂质、铁锈,氢气在管道里即使高速流动、摩擦的情况下也不可能产生火花。所谓火花,实质上是可燃物的氧化、燃烧过程。也会有人担心因高速流动,氢气会产生和积聚热量,氢气的着火温度又很低。在密闭的管道内氢气是不会起火的,爆炸是因为产生混合气才发生的。

在国家标准实际执行过程中,氢气在常压管道里的流速,一般不按"压力降"确定。而实际上压力降很小,且计算复杂,误差又很大,所以设计人员一般是按 15 m/s 执行。过度限制氢气在管道里的流速,会造成不必要的粗管道、大设备、宽厂房和多投资的局面,而且阀门、流量计等都无法与大管道相匹配,这在常压系统中是很普遍的现象。

6.2.3.2 氢气管道的焊接

氢气管道应采用无缝钢管,管道的连接应采用焊接,因其他连接方式都是潜在的渗漏源。但与设备、阀门的连接可采用法兰或螺纹连接,螺纹连接处应采用聚四氟乙烯薄膜作垫料。管道安装时,内壁应除锈至本色。管道焊接时,碳钢管应采用氩弧焊作底焊;不锈钢管则采用氩弧焊。安装过程应防止焊渣、杂物等留在管道中。

(1)高压氢气管道($p>4.134$ MPa)。ASME B31.12 标准对焊接管道的要求是:对其所有焊缝进行外观检测;对接焊缝需进行 100% 射线检测,并在可能的情况下,在局部补强之前对支管焊缝也进行 100% X 射线检测;在不便进行射线检测的情况下,对所有的角焊缝和支管焊缝进行 100% 渗透检测或磁粉检测。

(2)中压氢气管道(1.033 MPa$<p\leqslant4.134$ MPa)。要求对其所有焊缝进行外观检测;在补强之前,对接焊缝须进行 10% X 射线检测,检测范围 6.35 cm 以内,当无法进行射线检测时,所有的支管焊缝和角焊缝允许进行 20% 渗透检测或磁粉检测,范围也在 6.35 cm 以内。

(3)低压氢气管道($p\leqslant1.033$ MPa)。要求对其所有焊缝进行外观检测,在补强之前,对接焊缝连接要进行 5% X 射线检测,检测范围$\geqslant$6.35 cm;如果可以对支管焊缝进行射线检测,则应对其进行 5% X 射线检测,检测范围$\geqslant$15.24 cm;对不锈钢管材,其所有的角焊缝、对接焊缝和支管焊缝要求达到 10% 渗透检测,范围在 6.35 cm 以内。

6.2.3.3 氢气管道的附件

(1)氢气管道的阀门,宜采用球阀、截止阀。阀门的材料,应符合表 6-3 的规定。

表 6-3 氢气阀门材料

工作压力/MPa	材　　　料
<0.1	阀体采用铸钢 密封面采用合金钢或与阀体一致

续　表

工作压力/MPa	材　　料
0.1~2.5	阀杆采用碳钢 阀体采用铸钢 密封面采用合金或与阀体一致
>2.5	阀体、阀杆、密封面均采用不锈钢

注：① 当密封面与阀体直接连接时,密封面材料可以与阀体一致。
　　② 阀门的密封填料,应采用聚四氟乙烯等材料。

（2）氢气管道的法兰、垫片,宜符合表 6-4 的规定。

表 6-4　氢气管道法兰、垫片

工作压力/MPa	法兰密封面形式	垫　　片
<2.5	突面式	聚四氟乙烯板
2.5~10.0	凹凸式或榫槽式	金属缠绕式垫片
>10.0	凹凸式或梯形式	二号硬钢纸板、退火紫铜板

6.2.3.4　氢气管道的敷设

（1）氢气管道宜沿墙、柱架空敷设,其高度不应妨碍交通,并便于检修。当与其他管道共架敷设时,氢气管应位于外侧并在上层,同时应符合相关规范的要求。

（2）氢气管道明沟敷设时,不应与其他管道共沟。

（3）氢气管道埋地敷设时,应根据地面荷载,管顶距地面应大于 0.7 m,管道应有防腐措施。

（4）输送湿氢或需作水压试验的管道,应有大于 3‰ 的坡度,在最低处应设排水装置,寒冬地区要防冻。

（5）氢气管道严禁穿过生活间、办公室,且不得穿过不使用氢气的房间。

（6）氢气管穿过墙壁或楼板时,应外加套管,套管内不应有焊缝,管与套之间应填塞不燃材料。

（7）氢气放空管应引至室外,排空点应高出屋脊 1 m,并有防雨水和杂物侵入的措施。

● **四川某电子管厂** 由电解室通往氢气柜的管道经过材料室,此处装有流量计孔板,趁春节期间进行流量孔板改装,事后即投入生产。午夜时分,有人推开材料室的门,突然发生猛烈爆炸,将正面和侧面墙推倒,预制板的房顶被掀翻,并造成室内起火,此人当场死亡。

经事故后追查,孔板处的螺杆松动,造成氢气外泄。又因材料室无通风设施,外泄的氢气大量积聚。从设计上看,装有流量孔板的氢气管从非防爆间通过,这是严重违反国家规范的。

6.2.3.5 氢气管道的验收

(1)管线内应彻底清除毛刺、铁锈、污垢、焊渣,内壁达到本色。

(2)管道按表6-5的要求进行试验。

表6-5 氢气管道的强度、气密性和泄漏量试验

管道工作压力/MPa	强度试验		气密性试验		泄漏量试验	
	试验介质	试验压力/MPa	试验介质	试验压力/MPa	试验介质	试验压力/MPa
<0.1	空气或氮气	0.1	空气或氮气	$1.05p$	空气或氮气	$1.0p$
0.1~3.0		$1.15p$		$1.05p$		$1.0p$
>3.0	水	$1.5p$		$1.05p$		$1.0p$

表中 p 是指氢气管道设计压力;试验介质不含油;气体试验时应有安全措施。气体作强度试验应保压5 min,用水试验应保压10 min,以无变形、无泄漏为合格。气密性试验在达到试验压力后,保压10 min,然后降至设计压力,对焊缝及连接部位进行检查。泄漏量试验时间为24 h,泄漏率以平均每小时小于0.5%为合格。

(3)试验合格后,必须用不含油的空气或氮气以大于20 m/s的速度进行吹扫,分段排放,直至干净为止。最后按GB 7231-2016规定进行管道漆色,并标上识别符号。

6.2.4 氧气管道的安全要求

从常理讲,事故的原因往往归结为设备问题,或违章操作。然而,压力氧气管道的燃爆事故,往往发生在正常的操作中。阀门开启时,系统中突然有纯氧高速流动,这时如有可燃物被点燃,钢铁材质的阀门、管道及附件在纯氧里迅速燃烧、穿孔,压力

氧瞬间夹带火红的钢水喷发出来,即造成伤亡。而且由于大量氧气的喷出,还处在现场的人员的衣服、织物会迅速吸附氧气,顿时变成"火人",而且越拍打,火势会越旺。

管道内的杂物,包括铁锈、焊渣、油脂,以及阀门、法兰的填料、垫片,在高速氧气流中摩擦、撞击,很容易被点燃。氧气管道、阀门和组件的材质一般是碳素钢或不锈钢,属可燃性材料,而且燃烧时放热量大,温升很快。管道内输送的压力氧是极强的氧化剂,纯度越高、压力越大,其氧化性也就越强,越危险。为了减少甚至杜绝氧气管道的燃爆事故,在设计、制造、安装、使用和管理各个方面都应该采取必要措施,防止激发能源的形成,这是氧气管道安全技术的要害与关键。

● **河南某厂**　2019 年 7 月 19 日因空分冷箱事故,导致 500 m³ 液氧储罐破裂,大量液氧迅速外泄,周围可燃物在液氧、富氧条件下发生爆燃,造成 15 人死亡、16 人重伤的特大事故。

● **广西某制氧厂**　新老系统并网,进行低压氧气管道连接,计划在元旦施工。白天已将动火系统用氮气吹扫,并进行切割、坡口施工,但未最后焊接。17:15 重新动火,一划火柴,就引发一场大火,焊工全身衣着被氧气包围。

事故原因:白班生产工人是知道氧气管道动火的,但在交接班记录本上没有记录,也没有向接班的工人作口头交代。17:10 充氧台打来电话要求送氧灌瓶,于是中班工人把氧气出口由放空转向送气位置,导致大量纯氧流入施工现场,发生事故。

● **河南某医院**　2007 年 4 月 4 日 11:00 左右,1 名患者进入高压氧舱进行高压氧治疗。约 12:00,氧舱突然起火,患者当场死亡。

6.2.4.1　氧气的流速

氧气在管道里的流速控制,是非常重要的安全问题。流速过大,纯氧与可燃物、管壁的摩擦,以及杂质颗粒间的摩擦与碰撞,极易引发氧气管道的燃爆事故,这已被大量事实所证明。试验表明,管道中存在的杂质,以及其他可燃物,在纯氧中的着火温度仅为 300~400℃,并随着氧压增高和粒度细化而降低。不锈钢虽然没有锈蚀,但系统中仍存在可燃性杂物,其本身含有大量的铁元素和少量可燃的碳元素,而且导热性能差,只有碳钢的 1/3,不易散热。所以当发生摩擦、撞击等激发能源时,仍能引燃不锈钢。

国标 GB 16912-2008《深度冷冻法生产氧气及相关气体安全技术规程》,与 1997

年版相比有较大变动，它不仅吸取了国内十年来的经验，而且借鉴了美、德、法、英、俄、日等国，尤其是欧洲工业气体协会作了大量着火试验，结合工程实践经验编辑的，且已被世界广泛认可的《氧气管道系统》标准。新版标准规定了氧气在管道中的流速，见表6-6。

表6-6 管道中氧气允许最高流速 v

钢材	工作压力 p/MPa					
	$p \leqslant 0.1$	$0.1 < p \leqslant 1.0$	$1.0 < p \leqslant 3.0$	$3.0 < p \leqslant 10.0$	$10.0 < p < 15.0$	$p \geqslant 15.0$
碳钢	根据管系压降确定	20 m/s	15 m/s	不允许	不允许	不允许
奥氏体不锈钢		30 m/s	25 m/s	撞击场合 $p \times v \leqslant$ 45 MPa·m/s；非撞击场合 $p \times v \leqslant$ 80 MPa·m/s	撞击场合 4.5 m/s；非撞击场合 8.0 m/s	4.5 m/s

（1）管道中氧气允许最高流速与工作压力及管道材质有关，是指管道最低工作压力和最高工作温度时的实际流速。

（2）撞击场合是指氧气流动方向突然改变，或产生旋涡的位置，从而引起氧气夹带的颗粒及异物对管壁的撞击。撞击场合容易产生激发能源，引起燃烧和爆炸，是危险场合，如压制对焊三通（氧气从支管流向主管）时，螺纹变径，现场焊接三通，短半径弯头，放空阀，安全阀，以及各种阀门的开启和关闭时。

（3）非撞击场合主要是指直管段，对氧气流速的控制相对宽松。

（4）工作压力范围为 $3.0 < p \leqslant 10.0$，是依据氧气压力和最高允许流速的乘积值确定的，在实际应用中更科学、合理。

6.2.4.2　氧气管道的材质

氧气管道的材质选择是一个至关重要的安全因素。碳钢管燃烧温度偏低，燃烧速度快，抗燃烧能力差，氧气允许最高流速小，可用于一般部位。不锈钢抗燃烧能力和抗燃烧速度都优于碳钢，而且不生锈，故氧气最高流速也较碳钢高，可用于较重要、较危险和氧压较高的部位。随着氧气管道工作压力和流速的提高，管道材质也由碳钢、不锈钢发展到铜及铜基合金。具体选用按表 6-7 的规定执行，此表引自GB 16912-2008。

表 6-7　氧气管道材质选用限制表

管　材	工作压力								
	$p{\leqslant}0.6$		$0.6{<}p{\leqslant}3.0$		$3.0{<}p{\leqslant}10$		$p{>}10$		液氧管道
	一般场所	分配主管上阀门频繁操作区阀后放散阀后	一般场所	阀后 5 倍公称直径（>1.5 m）；调节阀组前后各 5 倍公称直径（>1.5 m）；氧压车间内部；放散阀后；湿氧输送	一般场所	阀后 5 倍公称直径（>1.5 m）；调节阀组前后各 5 倍公称直径（>1.5 m）；氧压车间内部；放散阀后；湿氧输送	一般场所	氧气充装台汇流排	
无缝钢管	√	×	√	×	×	×	×	×	×
不锈钢管	√	√	√	√	√	×	√	×	√
铜及合金管	√	√	√	√	√	√	√	√	√
镍及合金管	√	√	√	√	√	√	√	√	√

注：氧气储罐区的氧气管道宜采用不锈钢。表中铜合金管不包含铝铜合金。

6.2.4.3　氧气管道的附件

1. 氧气阀门

氧气管道上的阀门是系统的关键，也是事故多发源，所以应选用专用的氧气阀门。其特点是，阀体选用抗燃烧性能好，摩擦冲击不会产生火花的铜基合金或镍基合金，一般为硅黄铜（氧压低的可用不锈钢、铸钢或球墨铸铁）；密封材料选用难燃或阻燃材料，如聚四氟乙烯、膨胀石墨等；阀门经过严格的、规范的试验。大口径氧气阀门，一般设置均压小旁通阀，方便操作，保证开阀安全。

（1）工作压力 $p{>}0.1$ MPa 的氧气管道严禁采用闸阀。

（2）工作压力 $p{>}1.0$ MPa，且公称直径≥150 mm 的手动氧气阀门，宜选用带旁通的阀门，并气动遥控。

（3）氧气阀门材料的选用，应符合表 6-8 的要求，引自 GB 16912-2008。

表 6-8　氧气阀门材料的要求

工作压力/MPa	材　　料
$p \leqslant 0.6$	阀体、阀盖采用可锻铸铁、球墨铸铁或铸钢 阀杆采用不锈钢 阀瓣采用不锈钢
$0.6 < p \leqslant 10$	采用不锈钢、铜合金或不锈钢与铜合金组(优先铜合金)、镍及镍基合金
$p > 10$	采用铜合金、镍及镍基合金

2. 弯头、变径管及三通

氧气管道上的弯头、变径管及三通,均是容易引起氧气流冲击和剧烈摩擦的地方,属"撞击场合",是燃爆事故多发源,应选用内壁光滑、壁厚均匀、坡口规整的轧(压)制品,以减少事故的发生。

(1) 氧气管道的弯头严禁采用褶皱弯头,其弯曲半径不应小于公称直径的 5 倍,使氧气流缓慢过渡转向。当采用压制对焊弯头时,宜选用长半径弯头,即为弯曲半径1.5 倍的管道公称直径。

(2) 氧气管道的变径管宜采用压制对焊管件,其变径部分的长度不宜小于两端管外径差值的 3 倍。

(3) 氧气管道的三通宜采用压制对焊。

3. 法兰及垫片

(1) 氧气管道的法兰,应确保强度和加工精度,严格按国家及行业有关现行标准执行。

(2) 管道法兰的垫片,严禁使用可燃物,且密封性要好。因氧压越高,危险性也越大,所以对垫片的要求也愈严。具体应按表 6-9 执行,引自 GB 16912-2008。

表 6-9　氧气管道法兰的垫片要求

工作压力/MPa	垫　　片
$p \leqslant 0.6$	聚四氟乙烯垫、柔性石墨复合垫
$0.6 < p \leqslant 3.0$	缠绕式垫、聚四氟乙烯垫、柔性石墨复合垫
$3.0 < p \leqslant 10$	缠绕式垫、退火软化铜垫、镍及镍基合金垫
$p > 10$	退火软化铜垫、镍及镍基合金垫

垫片必须精确制作,且尺寸合适,不允许有松散材料或破裂边缘进入氧气区。垫片必须正确放置在接合位置,不得伸入气流流动区域,并且要完全紧密,以免气体越过结合面。

6.2.4.4 氧气管道的施工

氧气管道的施工,除严格遵循压力管道施工有关国家标准外,还有其特殊的安全规定,如管道严格除锈、脱脂、焊接、探伤、试压,及泄漏性试验、吹扫等,施工完毕还应严格验收。

1. 氧气管道、阀门及管件等在安装前,除按 GB 50235－2010《工业金属管道工程施工规范》的要求进行检验(氧气按可燃流体类别对待)外,其清洁度还应达到:

(1)碳钢氧气管道、管件等应严格除锈,可用喷砂、酸洗等方法。接触氧气的表面应彻底清除毛刺、焊瘤、粘沙、铁锈和其他杂物,保持内壁光滑清洁,出现本色。

(2)氧气管道、阀门及与氧气接触的一切部件,在安装前和检修后都应进行严格的除锈、脱脂。

(3)脱脂应按 HG－20202《脱脂工程施工及验收规范》进行,包括与流体接触的所有组成件。脱脂可使用无机非可燃清洗剂、二氯乙烷、三氯乙烯等溶剂,并用紫外线检查法、樟脑检查法或溶剂分析法进行检查,直到合格为止。四氯化碳溶剂因污染环境、有毒,已禁止使用。

(4)脱脂后的碳钢管应立即进行钝化,或充入干燥氮气封闭管口。进行水压试验的管道,则脱脂后对管内壁进行钝化,防止锈蚀;然后用氮气或空气吹净封闭,避免生成危险的混合物。

2. 管道的安装、焊接和验收,除符合 GB 50235－2010《工业金属管道工程施工规范》、GB 50236－2011《现场设备、工业管道焊接工程施工规范》外,还应满足下列要求:

(1)焊接碳钢管应采用氩弧焊作底焊,不锈钢应采用氩弧焊,防止管内形成焊渣。

(2)管道的切割和坡口加工,应采用机械方法,不允许用气焊切割和打坡口。

(3)管道预制长度不宜过长,应便于检查管道内外表面的安装、焊接和清洁度质量。

(4)管道的焊缝检查应采用射线检测,当采用水压试验时,检测的数量和标准按表 6－10 要求执行,引自 GB 16912－2008。

表 6–10 氧气管道的焊缝检测要求

设计压力 p/MPa	射线照相比例	焊缝质量评定
$p > 4.0$	100％	Ⅱ
$1.0 < p \leqslant 4.0$	40％（固定焊口） 15％（转动焊口）	Ⅱ
$p \leqslant 1.0$	10％	Ⅲ
低温液体管道	100％	Ⅱ

当采用气体作压力试验时，危险性大，焊缝的射线检测比例要增加，要求如下：当设计压力 $p < 0.6$ MPa 时，检测比例 $> 15\%$，焊缝质量等级应不低于三级；当设计压力 $0.6 < p \leqslant 4.0$ MPa 时，检测比例为 100％，焊缝质量等级应不低于二级。

（5）对未要求做无损检测的焊缝，应对可见部分进行外观检查，其质量应符合 GB 50236–2011 的有关规定。

3. 管道安装后进行压力和泄压性试验，要求如下：

（1）氧气管道的压力试验介质，应采用不含油的干净水或干净的空气、氮气，严禁使用氧气作介质。当设计压力大于 4.0 MPa 时，禁止用气体作压力试验。在作水压试验后，应及时进行干燥处理，防止锈蚀。

（2）管道作压力试验时，水压试验压力等于 1.5 倍设计压力，埋地管道不得低于 0.4 MPa；气压试验压力等于 1.15 倍设计压力，且不小于 0.1 MPa。试验方法和要求应符合 GB 50235–2010 的规定。强度试验时，达到试验压力后稳压 10 min，再降到设计压力进行检查，以无渗漏为合格。

（3）压力试验合格后进行泄漏性试验，试验介质应无油、干燥、洁净的空气或氮气，试验压力等于设计压力，保持 24 h，平均泄漏率（A）对室内及地沟管道应不超过 0.25％，对室外管道应不超过 0.5％为合格，计算如下：

当管道公称直径 $DN \leqslant 0.3$ m 时：

$$A(\%) = \left[1 - \frac{(273 + t_1) p_2}{(273 + t_2) p_1} \right] \times \frac{100}{24}$$

当管道公称直径 $DN > 0.3$ m 时：

$$A(\%) = \left[1 - \frac{(273 + t_1) p_2}{(273 + t_2) p_1} \right] \times \frac{100}{24} \times \frac{DN}{0.3}$$

式中，p_1 为试验开始时的绝对压力，MPa；p_2 为试验终了时的绝对压力，MPa；t_1 为试验开始时的温度，℃；t_2 为试验终了时的温度，℃；DN 为管道公称直径，m。

（4）试验合格后，用干燥的空气或氮气以大于 20 m/s 的速度，逐段吹扫管道系统，把残留的水分、铁屑、杂质吹扫干净，直至在出口的白布无脏物为止。此项工作非常重要。吹扫中注意不要损坏器件，吹扫介质严禁使用氧气。

（5）依据 GB 7231 - 2016 和 GB 16912 - 2008 完成对管道的漆色和标识。

6.3　氢氧站的安全操作

在水电解过程中，氢气和氧气在不断地产生，而且是高速流动的，所以各种情况都可能瞬间发生。在氢气系统内部，实际上是多处点着火，而且是高温。首先，要进行气体纯度分析，在热化学型氢、氧纯度自动分析仪的传感器里，装的就是活性钯催化剂，它与气流直接相通，当有爆鸣气进入分析仪，危险就会立即发生。氢气通常还要经过催化脱氧（明确规定，氢气初含氧量小于 3%）、电热器。而且无论是氢气还是氧气，它们的最终使用工况通常都是通红的高温、点火。如果产生混合气，危险势必发生。即使在没有火源的常温情况下，爆炸也会发生。除非提早发现，并采取积极果断的措施。

6.3.1　防止产生混合气

要确保氢氧站的安全，最重要的就是要防止氢气与氧气、氢气与空气混合，包括在设备、系统、房屋中，甚至地沟中。

● **湖南某钢铁公司**　两台 DQ - 20/1.6 型电解槽，配置 DYZ - 0/1 型氢中氧及 DQF - 0/2 型氧中氢在线分析仪。2000 年 9 月 14 日上午 8:00，启动 2♯电解槽，10:00 开始升压。手动取样分析，氧气纯度为 90%，氢气纯度为 95%，操作工此时打开在线分析仪，见分析结果超出测量范围，随即关闭电源开关。此时分析仪内"叭"的一声，转子流量计被炸飞了，并有焦味；随即制氢设备发生更大的爆炸……

● **四川某厂**　一瓶完好的满瓶气，因瓶阀有问题，想把氢气放掉后再进行修理。修理人员将气瓶推至室外，并打开阀门放气。人离去不久，另一人边说边走过去，并把手伸向瓶阀，想试一下还有多少余气。当手指刚要接触到瓶阀的放气口时，氢气突然燃烧起来，火焰喷出很长；关闭瓶阀后，火即熄灭。

6.3.1.1　可能窜气的部位

1. 在电解槽内发生窜气

(1) 隔膜布的质量差、破损或安装有问题;因事故状态,包括氢、氧两侧压差过大,隔膜布外露,隔膜布被高温、电击损坏,使氢、氧气穿透隔膜布而相互混合。

(2) 因主极板(隔板)穿孔,或槽体内部垫片密封不严,造成氢、氧相互窜气。

(3) 因从整流器送达电解槽的直流电流正、负极错误,导致产生相反气体。

2. 在分离器、洗涤器内发生窜气

(1) 氢、氧两侧因液位、压差相差过大,使气体从筒体下部的碱液连通管相互串通。因控制的原因,停槽后氧气容易进入氢气分离器。

(2) 补水管的止回阀出现故障,使氢气、氧气从补水管相互串通。

(3) 停槽后因热胀冷缩,空气被倒吸进氢分离器。

6.3.1.2　如何防止窜气

为了不产生混合气,确保氢、氧气纯度,必须做到:

(1) 电解槽在组装前,应仔细检查主极板有没有穿孔,镀镍层是否完好,隔膜布是否有破损,进液孔、出气孔的位置、方向是否正确,是否畅通,垫片的尺寸是否精确,厚度是否均匀。组装时应防止杂物,特别是金属进入槽体。

(2) 在试车前必须仔细检查电解槽,包括主机、辅助设备、电气、仪表、管路、阀门、开关及安全设施等,认真测量槽体的各部绝缘。再用氮气吹扫合格后,才能送电试车。

(3) 电解槽送电后,应立即测量正、负极性,防止接错线。从电工角度来看,正、负极只是两根线的交换,而且接线后也不作检查,对后果的严重性也全然不知。对电解运行人员来说,如不关注这个问题,也很难及时发现。然而,对电解槽来说,后果是极其严重的。这就意味着产生相反气体,氢气流入了氧系统,而氧气流入了氢系统,这样就与原先生产的气体,包括与其他电解槽生产的气体形成可怕的混合气。与此同时,电解槽的阳极变成了阴极,而阴极就变成了阳极,电极很快就会发生严重的腐蚀。

● **辽宁某石英玻璃厂**　在电解槽检修时,整流电源也同时检修,结果电工把直流电缆正、负极接反了。运行 2 h 后进行燃烧法分析,当分析氧气时铂金丝不亮,在仪器内发生爆炸,连续两次都是这样。后来测量该槽极间电压,发现正、负极相反,进而找出是因为电缆正负极接错。但已造成电极板严重腐蚀,80%面积成了大空洞,致使电解槽报废。

● **某企业制氧厂**　压力水电解槽已运行 8 年。在生产中,与之配套的设计压力为 1.5 MPa、10 m³ 水容积的氢气罐突然发生爆炸,因发生在夜间,目击者看到耀眼的橘红色大火球腾空而起。经实地勘察,现场已无任何金属构件。距爆炸中心 200 m 范围内,建筑物上的玻璃多被震碎,约 100 m 范围内的门窗受到不同程度破坏,方圆 1 km 范围内有震感。储罐碎片散落在距中心 300 m 范围内,其中一块 60 kg 残片洞穿一座工房的墙体,落于房内,共飞行 268.3 m。一周后,专家到达事故现场,最终决定启动电解槽找原因。当系统压力达到 0.5 MPa 时,氢侧充灌的气球呈下落状态,氧侧充灌的气球呈向上起飞状态。再使用焦性没食子酸溶液吸收法和铜氨溶液吸收法检验证实:在氢气系统排出的实际上是氧气,而在氧气系统中排出的实际上是氢气。由此检测判定:这台电解槽正、负极接错。

后来经进一步调查证实,由于此电解槽的进线电缆老化,事故前 10 天维修人员曾进行过检修和更换,推断电工在更换电缆时将正、负极接错,导致电解槽的阴、阳极产生相反的气体。此时,名义上的“氢气”实际上为氧气,与另一台电解槽产生的氢气合并送入储气罐。检修后投入运行,操作人员没有对电解槽的小室电压进行测量,也没有对电解槽的正负极性进行确定。电解槽的正负电极接错,导致运行时发生氢、氧混合,是造成氢气储罐发生化学性爆炸的原因。

需要说明的是,该制氢设备所配备的自动连续分析仪,为 DYF-0/1 型氧分析仪,用于氢气中氧含量的分析,其数值由显示表直接读得。分析的原理是,被测气样中含有氢气和氧气时,在钯催化剂的作用下,氢和杂质氧发生化学反应并产生热量,使铂金丝的电阻值随反应热的变化成比例变化,这样测量电桥就将氢中氧的含量转换成电信号,最后在数字表上显示。在此事故中,此表实际上是作氧气中杂质氢分析。因气体纯度高,操作人员没有察觉出问题。如果当时氧中氢配备了热导式分析仪,就能及时发现问题,因氢的导热系数是氧的 7 倍,显示器会立即出现极限值。

(4) 电解槽在试车和运行过程中,都应定时测量小室极间电压,检查各小室的电压是否有异常,从而及早判断各小室的进液、出气是否畅通,避免出现因电解槽内缺电解液使隔膜布外露,导致氢、氧相互穿透,隔膜布烧坏,甚至发生槽内及附属设备爆炸事故。

(5) 电解槽由放空转向储罐送气时必须慎重,在经过爆鸣试验和分析检测,确信氢气和氧气都合格后方能进行。

（6）电解系统及气体纯化、氢气再生、充灌设施的阀门开启、关闭和阀门倒换不能有任何差错，严防因阀门开、关错误，造成断气、混合气事故。事实证明，在常压下运行的氢气干燥塔，其阀门在同步自动倒换时，系统会出现短时间负压。

● **某氢氧站** 有 300 m³ 和 900 m³ 湿式氢气柜各一个。某日，值班人员准备关掉 300 m³ 的气柜暂时不用，于是就去关此柜的进、出口阀门。刚关进气阀，就立即引起电解室所有电解槽严重超压，由于氢侧压力陡然升高，洗涤器内的大量水被压入氧气管道，使氧气管因大量进水而发生剧烈抖动，电解室内 U 形压力计里的水早已冲出；另一室的压力表被打坏。当时立即将所有电解槽的放空阀都打开，停止送气，再进行管道排水。放空约 50 min，才恢复正常。两年后，该站又发生类似超压事故。

事故原因： 某日早上 7:45，正是夜班与白班交接之时。交接班日志上有："欲关 300 m³ 罐，必先开 900 m³ 罐。"因为"先"字写得太潦草，像"无"字，接班者理解成"无须开"900 m³ 的气柜。夜班人员刚离开，300 m³ 气柜快满了，故去关闭 300 m³ 气柜的进气阀。刚一关，突然引起电解槽超压。其他人发现后立即开启所有放空阀，在开启其中一台槽的氧气放空阀时，发生了爆鸣声。

【点评】

（1）写值班日志不能潦草，必须字迹端正。但每一个操作人员也都应该清楚地知道，这时候是不能关此阀的，关阀意味着堵死了电解槽的出气口。可见人员管理、岗位培训的缺失。

（2）由于关闭了气柜阀，氢气流窜到氧气中，好在及时发现，并立即采取果断措施，否则会顷刻发生大事故。

（3）在开启阀门时，混合气发生了爆鸣声。这说明：爆炸的发生，不一定非要火源或高温。

（4）建议在运行中两个气柜不要相互倒换，而是同时投入运行。这样不仅可以省去频繁地操作，避免事故发生，增加安全系数，而且能够通过比较，及时发现每个钟罩在不同高度升降是否灵活，便于找出原因进行处理。如果是压力电解槽附有多个干式储气罐，也建议同时投入运行。

● **江苏某公司** 2004 年 7 月 22 日深夜，因需要充瓶，启动三台氢气压缩机。因疏忽，其中两台压缩机的进气阀（来自氢气柜）没有打开，造成抽真空，大量空气进入压缩机，并且和另一台压缩机压出的氢气混合充入氢气瓶，导致当地的三个用户的数只气瓶发生爆炸,操作人员都当场死亡。

从收集到的气瓶碎片看,未见明显腐蚀,经化学成分、机械性能测试都合格,所以不是物理性爆炸。根据碎片厚度、撕裂形状和周围建筑破坏情况,在爆炸瞬间的压力,估计达到 $80\sim100$ MPa,属化学爆炸。对同时充装的 13 个氢气瓶气样进行分析,其中 9 个气样的氢中氧含量在 $12.3\%\sim16.7\%$。

(7) 电解槽在运行中应控制好液位,严防液位过高或过低,否则,都可能造成氢与氧混合。

● **湖南某厂**　有多台水电解槽,产氢量在 1 000 多 m³/h,氢气供本单位使用,氧气充瓶外销。1970 年 3 月 15 日上午约 10:30,操作工手动向一台 ΦB-80 型槽加纯水,后未及时关闭加水阀,待发现后分离器里的液位已经很高,马上报告班长。班长当即决定,在未停槽的情况下用碱液泵抽碱,但后来发现分离器里的液位又过低,于是再加碱液。氧气被送到 1 000 m 以外的氧气站,当时有 3 台 2-1.67/150 型氧压机在运行。11:30 左右,充装压力已达到 8 MPa,发现正在充装的某氧气瓶阀嘴与“奶头”的连接处漏气,操作工即用双手紧固卡具,这时见到喷出火星,随即一声巨响,爆炸发生了。

事后调查:造成重伤 1 人,轻伤 5 人;16 只氧气瓶烧毁,瓶阀熔化后冲出,瓶体上部烧成喇叭口;3 只 Φ245 mm、容积 35 L、壁厚 20 mm 的气/水分离器被炸毁;2 台氧压机被炸坏;铜基合金输氧管有 42 处被炸成条状;5 000 m² 厂房的墙基损坏 30%,门窗震毁 70%;1 000 m 以外的氧气洗涤器被炸裂。直接经济损失 14.7 万元,间接经济损失几十万元。后来对当时充装的氧气瓶作取样分析,氧中氢含量达 3.98%。

【点评】

(1) 电解槽分离器的满水是因责任心不强引起的,而发生大事故是由处理不当造成的。

(2) 这种情况下,必须将气体放空,并立即停槽。

(3) 虽然发生事故的电解槽其产气量不到总产量的十分之一,混合气形成的时间短,常压槽的氢、氧两侧压差也不大,而且在电解槽内氢气是通过穿透石棉布进入氧侧的,但爆炸威力如此之大,实在令人震惊。

(4) 爆炸时氧气瓶内已充有很高压力纯氧,存在钢铁在纯氧里燃烧现象,故把瓶体烧成喇叭口。

(8) 电解槽在运行中应严格控制氢、氧两侧的压力,防止因压差过大而造成氢与氧混合。系统里必须保持正压,严防产生负压。如果出现负压,就意味着空气会“乘虚而入"，爆鸣、爆炸会瞬间发生。

● **中南地区某厂** 2007 年 5 月 5 日 14：00 启动 350/1.6 型压力电解槽，当电压达到 245 V、电流为 2 800 A 时，突然高压连锁停车，报警压力为 1.7 MPa，连锁压力为 1.8 MPa。追查报警、连锁的原因是氧侧薄膜调节阀没有打开。技术人员对调节阀、调节器及压力变送器进行进一步检查，没有发现问题。在检查到调节阀的压缩空气管时，发现管的末端积聚不少水，这是由于水堵塞了气路，使调节阀失灵。

又讯：2009 年 5 月 24 日，此电解槽在正常启动后一个多小时，当槽温达到 75℃、电流为 3 000 A、碱循环量为 21 m³/h 时，突然自动停槽。检查发现，氧分离器底部指示氧侧液位的差压变送器一次仪表指示不准，反应迟钝。对差压变送器的气路、液路引压管进行进一步检查，发现故障的原因是：Φ15 的液路引压管由于碱液结晶造成不畅。

● **某核燃料元件厂** 一台运行中的 1.6 MPa 电解槽，在凌晨 3 时发出"啪"的一声，值班人员到电解室查看，未发现问题。返回值班室时，发现控制柜面板上信号全无，已经断电，但配电柜和整流柜仍在运行。过了约 10 秒钟，班长下令紧急停车。当检查制氢框架时，发现电接点压力表已经到了极限（量程 0～2.5 MPa），氧分离器上磁翻板液位指示为 40～50 mm，氢侧没有了液位显示。因控制柜断电，信号中断，这时气动阀已关闭，这意味着由电解槽源源不断生产出来的氢气、氧气已断了出路。经电工检查，控制柜的空气开关跳闸，即合上送电。这时槽压数字显示仪已经不显示压力，光柱压力显示仪则显示最大，液位显示仪显示氧侧 354 mm，氢侧 117 mm。当即手动打开气动阀，5～6 min 后才把压力降下来。后经检查，磁翻板液位指示计里的浮子已被压扁。

经计算，从控制柜断电引起气体出口气动阀关闭，到系统压力上升到 2.5 MPa，只需 2.16 min。因系统对操作人员没有明显提示，设备本身也没有任何补救措施，如稍晚发现，或没有采取果断停槽措施，则会因物理超压，或因氢、氧相互穿透（氢分离器液位已无指示，气体随时会相通）发生化学爆炸。

事后，制造厂家在控制柜里增设了断电连锁报警装置，即当控制柜断电，连锁整流柜停车。

（9）运行中的电解槽不准进行任何检修，必须在停槽至电压消失后（一般 10 min 左右）才能进行，因为处在电压下检修容易发生短路打火。对压力电解系统检修还必须在泄压后。当需要接触运行中的电解槽、电气设备，包括测量极间电压，都必须穿绝缘鞋。严禁用双手触及 5 块以上极板。如果发生触电事故,应迅速切断电源,并用干燥的绝缘物使受害者脱离接触,后及时进行急救。

(10) 为了及时清除电解液里的杂质,防止电解槽的碱液孔、气道孔被堵塞,使电解过程能顺利进行,必须经常清洗碱液过滤器。在清洗过滤器前,必须打开旁阀,关闭过滤器的碱液进、出口阀。清洗后投入运行时,必须打开进、出口阀,然后关闭旁通阀。由于清洗次数频繁,可能会有人忘记把进口和出口的阀门都打开,从而引发事故。运行中的电解槽,如果过滤器的阀门未打开,即碱液循环停止,槽内的电解液只出不进,液位不断下降,碱液导电的实际面积不断减小,电流密度增大,电解液越来越浓,电阻也越来越大,电压升高、温度升高,危险在一步步逼近。而此时电解液不断地集聚在分离器里,由于是自动补水,不容易察觉分离器液位异常,更不知槽体内严重缺液,导致事故频发。所以,在清洗过滤器前后,都必须查看碱液循环量。现在,由于使用无石棉隔膜,电解液中的杂质已大为减少。

● **山西某厂** 运行中的电解槽要清洗过滤器,操作工只关闭了进口阀,未关出口阀,打开过滤器时,热碱外喷,使操作工脸上都是碱液,导致双目失明。

● **湖北某氧气厂** 已有 2 台压力型槽在正常运行。上午 10:00,操作工将另一台电解槽启动,气体放空。下午 13:15,未作气体纯度检测,操作人员将送气阀打开,在关放空阀至一半时,突然发生猛烈爆炸,氢分离器与洗涤器连接处的 40 个 $\Phi22$ 的紧固螺杆被强行拉开,上洗涤塔内的气体分配器严重变形报废,大量气液混合物喷出,造成槽体短路打火。由于保护装置作用,电源自动切断。整个制氢站的窗户玻璃被巨大的冲击波震碎,爆炸声传出 2 km 以外。操作工被喷出的碱液从头淋到脚,全身 50% 以上的面积为Ⅲ度化学烧伤。

查其原因,是碱液过滤器的出口阀没有打开。未被及时发现的设备原因是:因碱液循环泵的震动,干扰了流量计的指示,因此无碱液循环量显示,故也断开了碱液循环控制连锁装置。

● **某电子集团动力分厂** 有 3 台电解槽,一直运行良好。但后来在大修时发现,其中有 1 台槽的一半石棉布被烧毁、粉化。

事后反思:几个月前的一个周日早上 6:00,发现电解槽超温(约 100℃),立即停槽检查。发现分离器液位超高,槽体内的液位只有原液位的 2/3 高。追其原因是,过滤器出口阀门没有打开。此过滤器的清洗时间是上周五下午,其间运行一天半时间。

（11）电解液的浓度必须严格控制，氢氧化钾和氢氧化钠不能混合使用，否则，会在小室的阴极上形成结晶碱，造成槽电流波动，电压升高，威胁安全生产。

（12）电解液中加入添加剂如果超量，不仅不能节电，而且有可能发生槽内爆炸。另外，其节电有效时间不长，且有剧毒，建议不再加入。

（13）湿式储气柜因多种原因，钟罩容易被卡住，这就会使气柜内气体压力大幅度变化，甚至造成氢气与空气混合而发生危险，操作人员很难及时发现。如需要就调节配重，减少气柜间的压力差，同时投入运行多个气柜。这样，不仅安全系数大为提高，减少了操作，而且可及时发现卡顿问题。

（14）如因突然事故，氢氧站出现全部停电时，首先要保证继续向用户输送氢气，防止发生负压或断气。电解槽按事故停车处理。

（15）电解槽停止运行后，在根据需要确定氢、氧两侧压力（必须是正压以上，如0.2 MPa）后，应立即关闭两侧调节阀前的手动球阀，防止因调节阀漏气造成氧气进入氢分离器。这是因为氧侧的调节阀是通过压力调节控制的，此阀停车后处在关闭状态。而氢侧阀是通过两侧的液位差控制的，当氢侧液位低时就打开；反之，高时就关闭。此时如果氢侧泄漏量大于氧侧，会使氢侧液位越来越高，氧侧液位越来越低，最后造成氧气窜入氢分离器。停产放空后关闭手动阀，也能防止因系统热胀冷缩使空气被倒吸入氢气系统。

● **江西某钨业公司**　在两地均有压力电解槽，停槽后几天先后都发生了氢分离器爆开事故。

（16）电解槽及供电系统不允许频繁开停，这样既容易损坏设备，热胀冷缩也会造成槽体渗漏，又可能发生事故。如长期停运，会产生锈蚀，特别是电气设备。建议长期稳定低负荷运行，既可以满足生产需要、降低单位能耗，又可随时调节峰谷电、节约运行成本。

（17）有爆炸隐患的房间及氢气储罐周围，严禁一切烟火，禁止使用电炉、火炉、喷灯、电钻、电瓶车等，不得携带火种进入禁区，也不能存放易燃易爆物品。应配备适应的灭火器材，并定期检查是否完好。

（18）为了防止因静电而发生危险，操作人员应穿棉质工作服，因为化纤织物能产生几万伏的高压静电；鼓风机、压缩机的传动皮带都应是导体材料。

6.3.2　氢气着火事故的处理

正常生产情况下，氢气系统因泄漏很容易发生着火，即使在没有火源、高温的情况下也是这样。由于火焰呈浅蓝色,所以不易被察觉,特别是在光线强烈的白天更是如此。

● **湖南某厂**　其常压氢气纯化系统因管路积水,造成氢气阻力大。于是用电钻在管道下侧钻了一个 5 mm 小孔,顿时有水流涌出,几分钟后积水排完,突然有一个非常轻微的"噗"一声,仔细看,才见到一段约 2 cm 长的小火苗,用物品覆盖,移开后又复燃,再试也是如此。

事故处理方法要根据实际情况而定,具体建议有:

(1) 如果火灾危及电气设备、线路,应首先切断电源。

(2) 如果起火部位在端部,应尽可能地关闭阀门,切断正在燃烧的氢气供应。

(3) 如果系统压力低,火势小,可用浸了水的织物、湿拖把等物覆盖,使其既隔绝空气灭火,又降低温度防止复燃。

(4) 如果系统压力高,火势大,且起火部位不能被隔离,应当适当关小进气阀,使系统既降低压力,又保持正压。此时可用水冷却降温,允许氢气在控制下燃烧,把握好灭火的时机,防止氢气在室内积聚。灭火后系统用氮气置换。

(5) 如果是氢气设备起火,绝不能关闭进气阀,否则,会使设备内产生负压,从泄漏点倒吸进空气,引起大爆炸。可以通入氮气稀释、置换;有些设备可考虑注水,注意保持正压,可用水降温,直至火焰熄灭。

6.3.3　停产检修的安全

水电解制氢由正常生产转入停产检修,特别是在需要动火时,必须用氮气对整个系统进行严格地吹扫、置换。

6.3.3.1　吹扫的要求

吹扫的具体要求如下:

(1) 吹扫用的氮气,其氧含量≤0.5%,入口压力≤0.05 MPa。

(2) 吹扫过程严禁敲打,不能有任何死角。

(3) 吹出的气体必须排放至室外,并注意排放点需防火。

(4) 经分析检测,系统内部和动火区域内的含氢量必须不大于 0.4%。

(5) 吹扫合格后,打开所有的人孔、手孔、阀门、盲板,并打开门窗,加强空气流通。

6.3.3.2 吹扫的方法

吹扫的方法,应根据实际情况而定。吹扫负责人应深入现场,细致工作,写出吹扫的操作步骤。吹扫前,应对脱氧催化剂作单独处理,系统的吹扫气应走旁通。吹扫中应注意保护仪器、仪表。

(1) 氮气从进口吹入,把握流量,着重主线,掌握时间,支线适当开启排放,逐步推进。当吹扫另一系统时,应调节流量,注意气体流向,防止已吹扫完的区域又有氢气流入。

(2) 若系统复杂、死角多,可采取在整个系统充氮稀释再排放的方法,即关闭各排放阀,充入氮气至一定压力(根据系统承压能力而定),然后放空排放,再充再排,注意排放点要轮换。具体充、排次数,可根据充氮压力进行计算,低压多次为好。

(3) 如允许,也可以采取充水排气,当系统内充满水(注意死角排放),氢气就自然被排出。

● **某化工厂** 需要对制氢设备检修,在动火前作气体分析。当安全科长用仪表对设备内的气体含氢量检测时,仪器显示小于4%(测量几次数据都在3.0%~3.8%)。此时,安全科长批准可以动火。当焊工班长对焊枪点火的瞬间,发生了猛烈爆炸,导致现场的制氢设备整体倒塌,造成7人死亡、8人受伤。

【点评】

(1) 爆炸的威力很大,说明吹扫后设备内还含较多的氢。

(2) 根据规定,动火前系统内的含氢量必须不大于0.4%。仪器很可能是点火源,也就是在用仪器检测时就可能发生爆炸。

(3) 从操作人员到吹扫方法、安全动火标准都存在问题,可见应加强培训。

● **某单晶硅厂** 有两个氢气纯化系统,其脱氧都采用651镍铬催化剂。停产检修时用氮气(未作分析)置换,从气柜经压缩机再到纯化系统。2 h后,脱氧器外部着火,并且温度达到400℃,于是立即停止充氮,切断进、出气阀门,并向脱氧器灌水。后来由上部出口喷出如同高压蒸汽,直到2 h后才由汽变成热水。另一个脱氧器也如此,同样也是这样处理。这次事故造成损失30多万元,原因是氮气中含氧量过高。

【点评】

(1) 在停产吹扫前,脱氧器应先单独处理,不能与其他设备串在一起吹扫。

（2）置换用的氮气，其含氧量应不大于 0.5%。

6.3.3.3　几种主要设备的吹扫

1. 水电解槽

在动火前，电解槽的碱液不但不要放掉，而且还要加满，使分离器保持较高的液位。这样既没有了死角，也使得只剩下很小的待吹空间，很容易吹扫干净。

2. 干式气罐

用氮气吹扫干式气罐，很难把罐内的氢气排除干净。最好的方法是注水排气，直至顶部的排气阀流出水来。但注意要把阀门打开，防止有死角。

● **宜宾某厂**　有一个 10 m^3 氢气罐，检修前采取注水排气。但由于顶部排气阀锈死未打开，导致罐内顶部有余氢。检修时，有一工人在下部除锈，未发现异常。但当搭扶梯进行中上部除锈时，罐内突然发生爆炸，强大的气流将工人从罐的人孔冲出，并喷出一个大火球，在 200 m 以外还能听到爆炸声。

3. 湿式储气柜

正常运行时，为了防止气柜被抽瘪，并防止抽气的压缩机进水，所以在气柜的钟罩顶部，即出气管的上方设有管罩，当气柜降到低处时，管罩的四周就被水槽里的水封住，钟罩的球冠部分气体就不再外送。但在检修前，必须把球冠部分的氢气排空，即应该打开管罩与球冠的连通阀，以及冠部的放空阀，使钟罩下沉到最低点，并用氮气置换至合格。但有的操作人员不了解钟罩的构造，误认为只要打开放空阀、降低钟罩后，就没有氢气了。于是，因停产检修造成钟罩"飞天"事故频发。

● **某研究所**　150 m^3 湿式氢气柜需要检修补焊，操作人员将气柜的放空阀打开，排气放空了 7 天，没有进行置换处理，也没有取样分析。在焊工拒绝接受动火补焊的情况下，有关技术人员争执不下，有 3 人一同登上气柜的钟罩顶。不久，气柜的钟罩即"飞"上天，然后落在水槽旁的数米处。上面 3 人全部死亡。钟罩的爆炸碎片、铸铁配重等飞出数百米远……爆炸的原因，有可能是他们登上钟罩顶后用明火试验。

● **天津某厂**　有一个 2 m^3 氢气储柜，因上部导轮不灵活，进行动火检修。曾往气柜吹了点氮气，误认为这就是进行氮气"置换"，未经检测就点火气割。在割第二个导轮时发生爆炸，1 名焊工随钟罩"飞"向天空，摔落而亡。

6.4 应重视氧气的安全

氧气的安全往往被人们忽视，无论是液态氧、压力氧，还是已经排空的氧，都存在着隐患。这是因为：

（1）引起燃烧需要有三个因素：燃料、氧化剂和点火能量。大气中的火灾，可以通过消除三个因素之一来预防。但处在压力的氧气系统中，它们是无法分开的，因为燃料、氧化剂已经存在，点火能量随时可能产生。

（2）许多在空气中不可燃的材料，会在富氧环境中燃烧，如金属阀门、管道、接头和器件；在正常操作阀门时，存在于纯氧系统中的铁锈和杂质，因气流急速地冲刷会被点燃，瞬间使钢铁制品在纯氧里猛烈燃爆。

（3）在空气中不起作用的火源，在氧气中却可以成为至关重要的起火因素。来自系统内部，包括机械撞击、高速度的粒子撞击、摩擦、压缩加热（当气体经过细小孔隙从高压区域流向低压区域时，其体积会膨胀，且其速度也可以达到音速。如果气流受到阻碍，它会再次被压缩并且升高温度，压差越大，气体温升就越高足以启动着火链，发生燃爆）。见图 6-4。

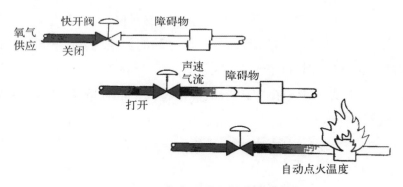

图 6-4 氧气压缩加热发生燃爆

（4）早已正常排空的氧气，会下沉在地面不易散去，被可燃物、衣服等迅速地吸附。此时如有火源，现场人员的衣服及一切可燃物度都会瞬间发生大火，而且是越拍打火势反而越旺。

（5）在压力型纯氧的设施内发生燃爆事故时，火红熔融的钢铁瞬间会像火山喷发似的"飞"出；而且排出的大量氧气会下沉，迅速吸附在在场人员的衣服上并发生剧烈燃烧，这种情况下伤亡会特别惨重。

● **某钢铁公司氧气厂** 2008 年某日夜晚,在氧气管网改造后向用户送气,当开启 DN300 阀门时突然发生燃爆事故,2 名操作者当场死亡。事故原因是氧气阀门在大压差(阀前 1.9 MPa,阀后为零)下开得过快,且氧气管道内铁锈、焊渣等杂质较多,施工后没有吹扫。

● **湖南某厂** 因为需要检修,把约百米长 DN40 管道内 3 MPa 氧气余压排空。当开启放空阀时,此阀内部猛烈地燃烧,瞬间,火红钢水随压力氧发生井喷,好在管道内压力氧存量不多。为了查明事故原因,防止类似事故再次发生,于是请行业专家前来,在空旷地以同样的工况作试验。结果,事故现象重现。试验的结论是:截止阀的密封面使用了易燃的尼龙材质的垫片。

● **江西某钢铁厂** 2000 年 8 月 21 日因停产检修,液氧在室内明沟排放,因动力电缆打火,引起整个系统燃爆,造成 22 人死亡、24 人受伤。直接经济损失 800 万元,间接经济损失 4 000 万元。

【点评】不能把大量氧气排放在室内,因为它会长时间沉积在下层空间不易散去,如遇火,会使一切可燃物遭灭顶之灾。即使排放到室外,也要注意防火。

● **湖南某厂** 因全厂要年终停产检修,氧气站里的管道也要改动,在开动火证前,把氧气柜里的少量氧气排入氧压机室的管沟里,此时沟的盖板都已全部移开。待有关人员办完动火手续,焊工跳入管沟施工,刚一点火,焊工的全身衣物就猛烈地燃烧,而且越拍打,火越旺,导致焊工严重烧伤。

鉴于氧气的特殊性,必须严格做到:

(1)管道、阀门、组件、垫片等物件的选用,管径、流速的控制,工程施工、脱脂的实施等,都必须严格按照规范执行。

(2)电解槽及氧气系统都必须严格除油。氧气操作人员和检修人员的工具、手、工作服、脸、头发等,也必须严格除油。对容器、仪表、压缩机、管道、阀门及过滤器等器件,应定期检查其油脂残留量及锈蚀情况,如不合格必须及时处理。

(3)压力氧气系统内部,如果存在铁锈、杂质,包括易燃垫片,当阀门开启时所产生的高速氧气流,很容易点燃这些物质,进而发生燃爆事故。所以系统内部必须定期清理,保持干净。

(4)氧气系统中的手动切断阀,必须开启自如,不准对阀门进行冲击。对不常用的切断装置必须定期检查其有效性。

（5）在开启压差很大的阀门时，必须十分小心，缓慢操作，严防事故发生。

（6）检修前，氧气必须排放到安全区，并用无油的干燥空气或氮气进行置换，使系统中的氧含量达到规定要求。

（7）从事氧气系统的工作人员，必须经过严格培训，全面且充分了解相关知识及其危险性，能在出现故障或发生事故时采取正确的必要措施。

附录一 气体的露点–ppm– 绝对湿度换算表

露点/℃	ppm	绝对湿度/(g/m³)	露点/℃	ppm	绝对湿度/(g/m³)	露点/℃	ppm	绝对湿度/(g/m³)
0	6 033	4.517	−17	1 354	1.014	−34	245.8	0.184 1
−1	5 554	4.159	−18	1 233	0.923 3	−35	220.6	0.165 2
−2	5 111	3.827	−19	1 121	0.839 7	−36	197.8	0.148 1
−3	4 699	3.519	−20	1 019	0.762 9	−37	177.3	0.132 8
−4	4 318	3.233	−21	925.9	0.693 3	−38	158.7	0.118 9
−5	3 965	2.969	−22	840.2	0.629 1	−39	142.0	0.106 3
−6	3 640	2.725	−23	761.8	0.570 4	−40	126.8	0.094 91
−7	3 339	2.500	−24	690.2	0.516 9	−41	113.1	0.084 71
−8	3 060	2.292	−25	624.9	0.467 9	−42	100.9	0.075 55
−9	2 803	2.099	−26	565.3	0.423 3	−43	89.93	0.067 34
−10	2 566	1.921	−27	510.9	0.382 5	−44	80.03	0.059 93
−11	2 346	1.757	−28	461.3	0.345 4	−45	71.15	0.053 27
−12	2 145	1.606	−29	416.3	0.311 7	−46	63.19	0.047 32
−13	1 960	1.467	−30	375.3	0.281 0	−47	56.05	0.041 97
−14	1 789	1.339	−31	338.1	0.253 2	−48	49.67	0.037 20
−15	1 632	1.222	−32	304.2	0.227 8	−49	43.98	0.032 93
−16	1 487	1.113	−33	273.6	0.204 9	−50	38.89	0.029 12

露点 /℃	ppm	绝对湿度 /(g/m³)	露点 /℃	ppm	绝对湿度 /(g/m³)	露点 /℃	ppm	绝对湿度 /(g/m³)
−51	34.35	0.025 72	−68	3.471	0.002 599	−85	0.232 7	0.000 174 2
−52	30.32	0.022 70	−69	2.997	0.002 244	−86	0.195 5	0.000 146 4
−53	26.71	0.020 00	−70	2.584	0.001 935	−87	0.164 0	0.000 122 8
−54	23.51	0.017 61	−71	2.226	0.001 667	−88	0.137 2	0.000 102 8
−55	20.68	0.015 49	−72	1.914	0.001 433	−89	0.114 6	0.000 071 61
−56	18.16	0.013 60	−73	1.643	0.001 230	−90	0.095 64	0.000 059 60
−57	15.93	0.011 93	−74	1.409	0.001 055	−91	0.079 60	0.000 049 50
−58	13.96	0.010 45	−75	1.205	0.000 902 6	−92	0.066 11	0.000 041 03
−59	12.21	0.009 144	−76	1.031	0.000 771 7	−93	0.054 80	0.000 033 94
−60	10.68	0.007 998	−77	0.879 4	0.000 658 5	−94	0.045 32	0.000 033 94
−61	9.324	0.006 982	−78	0.749 2	0.000 561 0	−95	0.037 41	0.000 028 02
−62	8.128	0.006 087	−79	0.637 1	0.000 477 1	−96	0.030 82	0.000 023 08
−63	7.077	0.005 299	−80	0.541 0	0.000 405 1	−97	0.025 33	0.000 018 97
−64	6.154	0.004 608	−81	0.458 5	0.000 343 4	−98	0.020 77	0.000 015 55
−65	5.345	0.004 002	−82	0.388 1	0.000 290 6	−99	0.016 99	0.000 012 72
−66	4.635	0.003 471	−83	0.327 8	0.000 245 5	−100	0.013 87	0.000 010 39
−67	4.014	0.003 006	−84	0.276 4	0.000 207 0	—	—	—

附录二　氢氧化钾水溶液的质量分数-
密度-波美度换算表(15℃)

KOH 质量分数/%	密度 /(g/cm³)	°Bé	KOH 质量分数/%	密度 /(g/cm³)	°Bé	KOH 质量分数/%	密度 /(g/cm³)	°Bé
1	1.008 3	1.2	19	1.178 6	22.0	37	1.365 9	38.8
2	1.017 5	2.5	20	1.188 4	23.0	38	1.376 9	39.7
3	1.026 7	3.8	21	1.198 4	24.0	39	1.387 9	40.5
4	1.035 9	5.0	22	1.208 3	25.0	40	1.399 1	41.4
5	1.045 2	6.3	23	1.218 4	26.0	41	1.410 3	42.2
6	1.054 4	7.5	24	1.228 5	27.0	42	1.421 5	43.0
7	1.063 7	8.7	25	1.238 7	27.9	43	1.432 9	43.8
8	1.073 0	9.9	26	1.248 9	28.9	44	1.444 3	44.6
9	1.082 4	11.0	27	1.259 2	29.8	45	1.455 8	45.4
10	1.091 8	12.2	28	1.269 5	30.8	46	1.467 3	46.2
11	1.101 3	13.3	29	1.280 0	31.7	47	1.479 0	47.0
12	1.110 8	14.5	30	1.290 5	32.6	48	1.490 7	47.7
13	1.120 3	15.6	31	1.301 0	33.6	49	1.502 5	48.5
14	1.129 9	16.7	32	1.311 7	34.5	50	1.514 3	49.2
15	1.139 6	17.8	33	1.322 4	35.4	51	1.526 2	50.0
16	1.149 3	18.8	34	1.333 1	36.2	52	1.538 2	50.7
17	1.159 0	19.9	35	1.344 0	37.1	—	—	—
18	1.168 8	20.9	36	1.354 9	38.0	—	—	—

参 考 文 献

［1］毛宗强,毛志明,余皓,等.制氢工艺与技术[M].北京：化学工业出版社,2018.

［2］(美)杰里米·里夫金.第三次工业革命：新经济模式如何改变世界[M].张体伟,孙豫宁,译.
北京：中信出版社,2012.

［3］The Lancet.中国积极应对空气污染的健康影响[J].中国卫生政策研究,2014,7(4)：80.

［4］Wlliamson T. Understanding the differences in particle size distribution methods for fine
metal powders[J]. Powder Metallurgy Review, 2020, 3(9－1)：66－74.

［5］毛宗强,毛志明.氢气生产及热化学利用[M].北京：化学工业出版社,2015.

［6］王庆斌,薛贺来,马强.中压 SPE 水电解制氢装置研究[J].工厂动力,2010(2)：51－54.

［7］郑津洋,徐平,陈瑞,等.多功能全多层高压氢气储罐的安全可靠性分析[J].武汉理工大学学
报,2006(A1)：274－278.

［8］王廉舫,王彦新.从还原钨钼粉的粒度波动论氢气再生装置[J].硬质合金,2010,27(3)：
172－176,185.

［9］王廉舫,包秀敏.钨钼粉末还原中稳定氢气质量几个要素的探讨[J].硬质合金,2014,31(6)：
385－388.

［10］李卫霞,陈剑华,刘晓霞,等.富氢水理化特性及抗氧化作用研究[J].自然科学,2019(2)：
121－122.